配信映えするマスタリング入門

チェスター・ビーティー 著

まえがき　配信する前にまずは知ってほしいテクニック

本書のテーマは、「配信映え」する音のまとめ方

YouTubeやSpotifyにはそれはもうカッコいい曲がたくさん配信されています。「カッコいい」なんて、人それぞれだといわれてしまえばそれまでですが、やはり不特定多数のリスナーが聴いて、「カッコいい」と思える曲の「音」には共通点があります。それは、ジャンルや時代の流行で変化しますが、じつは、CDやアナログレコードといったパッケージによっても左右されます。最近では、そこに「配信」という新たなパッケージが加わり、いわゆるサブスクリプションサービスを通じて、PCやスマートフォンで音楽を聴くことが主流となりました。

そこで、本書では、「配信」で「カッコいい音」、つまり、「配信で映える音」にテーマを絞り、いかに、YouTubeやSpotifyなどで「目立つ」「印象に残る」音に、マスタリングという手法で迫れるかを解説しました。

「配信映え」にテーマを絞ることで、**最短の手順と、最低限の専門用語**で、マスタリングを解説したはじめての本になります。

ポイントは３つだけ

「配信映え」する曲にはいくつか共通する点があります。例えば、まるであなたに向かって歌いかけてくるように前面に飛び出してくるボーカル、埋もれることなくリズムを刻むベースやキック、奥行きを感じさせる立体的なサウンド。

本書ではそんな音のまとめ方をタテ、ヨコ、立体の３つのポイントから解説しました。

マスタリングって本当は簡単

もちろん、マスタリング自体は昔からおこなわれています。例えばアナログレコードでは再生するレコード針が飛ばないように、CDでは音が割れない程度に大きな音で再生できるようにと、それぞれのパッケージに合わせてマスタリングがおこなわれました。
時代が変わり音楽を楽しむパッケージが変わっても、マスタリングには守らなくてはならい1つのルールがあります。それはパッケージに合わせて「適切な音量」でまとめること。適切な音量を意識しながらマスタリングをおこなえば、誰でも簡単にカッコいい音にまとめることができます。

「デジタル」と「ラウドネス基準」の特徴を知る

現在、音楽制作の現場は「デジタル」を使わないと成り立たなくなりました。PCやスマートフォンの音源ソフトでメロディーやリズム、はたまたボーカルまでも作り上げ、完成したらYouTubeやiTunes、Bandcampで配信する。そうした曲作りから販売までのプロセスがすべてデジタルという流れが、もう日常になっています。しかし、ひと昔前では考えられないくらいに便利になった反面、じつは「恐ろしく厄介なこと」をしてしまうのもデジタルの特徴です。

さらに、「ラウドネス基準」。ここ数年、SNSでも話題になっていますが、じつは私が活動してきた広告音楽の制作現場では、「ラウドネス」は10年以上前から知られてきた「音の指標」でした。本書では、これまでの私の経験や最新のケーススタディで培ってきた「ラウドネス対応」を前提にすべてを記述しています。繰り返しますが、本書は**従来のマスタリングや、音圧本とは違い、CDのフォーマットではなく、配信を前提とした本**となります。

デジタルのよさを理解しながら、カッコいい音にまとめる。そのためには、ちょっと前まではタブーだったり、当たり前だったことがストリーミング時代ではまったく通用しなくなっています。

パソコンさえあればできます

ストリーミングサービスとひと言にいってもたくさんあります。「歌ってみた」や「踊ってみた」などYouTubeへの投稿はもちろん、Instagram、Tik TokまたはSpotifyやiTunesなど。本書はこれらのサービスを使って楽曲を配信する方や、すでに配信をおこなっているけれども、もっとカッコよく映える楽曲にまとめたいDTM初心者へ向けて書きました。

例えば「歌ってみた」楽曲が完成しYouTubeへのアップロード前にすることは？　CD用のマスタリングは作ったことがあるけど配信用マスタリングってなにするの？　ストリーミングサービスごとにマスタリングって変えるの？　最近、話題のラウドネスってなに？　こんなお悩みのある方に本書を手に自分自身でマスタリングをしていただけるように、できるだけ手っ取り早くマスタリングがおこなえる実践的な内容を心がけました。そのためマスタリングのハウツー本では必ず最初に書かれているルームチューニングやモニタースピーカーの選び方などは思い切って省き、パソコンひとつですぐにでもはじめられるマスタリングだけをお伝えしています。

最短の手数で実践できるように書きました

こと「デジタル」をテーマにした本って、むずかしい専門用語ばかり登場すると思いませんか。ディザーやエイリアスノイズ、オーバーサンプリング……どれも重要な言葉なのですが、本書ではこのような用語をできるだけ使わないように書いてみました。ときには、もっと説明してよ！というの意見もあるかもしれませんが、理論より実践。さらに詳しく知りたい方には、必要なときはコラムを、もっと必要な場合は参考文献をピックアップしてありますので、そちらも紐解いてください。

みなさんの大切な楽曲が、ストリーミング時代のたくさんの楽曲のなかで埋もれることなく、印象に残る、映えることの一助になれば幸いです。

それでは、最後までお付き合いください。

CONTENTS

コラム

第1章

タテのラインで整える

配信で最適な音量を知る！

タテのラインとはズバリ「音量」のことです。YouTubeやSpotifyで聞く配信の楽曲はもとより、CDやアナログレコードのマスタリングでも1番大切なのは音量の調整です。

この章では配信で最適な音量を学びながら、実際の手順を、初級編(1 ～ 4)と上級編(5 ～ 9)の2つに分けてお伝えします。

初級編は「はじめてのマスタリング　YouTube編」として、適正な音量をコントロールしながらYouTubeに最適なファイナルマスターを作ります。上級編はプロも使用するマスタリング用のセッションファイルをDAWにセットアップしながら、音量や音圧をコントロールするプラグインの使い方を習得し、SpotifyやiTunesなどの配信サービス別のファイナルマスターを作ります。

配信に適したファイナルマスターを作るために必要なメーターの見方や使い方もお伝えします。

1 配信用にDAWをカスタマイズ

とっても簡単なカスタマイズ

カスタマイズといってもあなたが普段使っているDAWに「ラウドネスメーター」というプラグインを挿入するだけです。挿入する場所はマスターチャンネルの1番最後。これでカスタマイズは完了。

マスターチャンネルの最後に挿入する。

配信用に楽曲を作り、マスタリングをおこなうために特別なDAWは必要ありません。あなたがお使いのDAWにラウドネスメーターを挿入すれば、すぐにマスタリングをはじめることができます。

ラウドネスメーターはどれでもいい

ラウドネスメーターは音量をチェックするためのプラグインです。YouTubeなど配信用にマスタリングをおこなうには、必ずこのラウドネスメーターを用います。ただしEQやコンプレッサーなどのプラグインエフェクトと違い、音質に変化を加えるものではありませんから、DAW付属のものとプラグインメーカーが販売しているものとで音質が変わることはありません[*1]。違いはデザインと表示方法です。

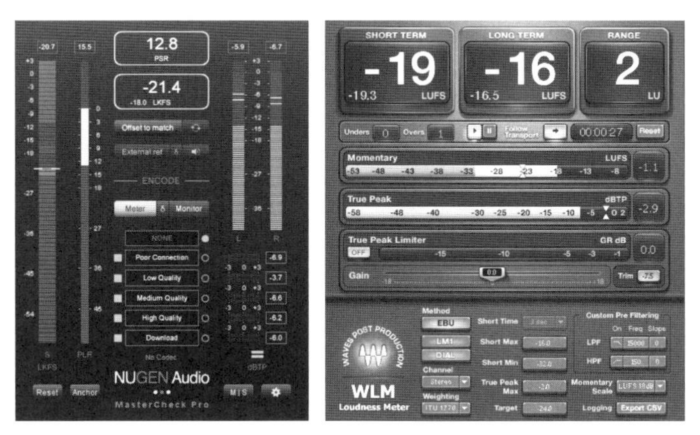

さまざまなラウドネスメーター

音量レベルがタテやヨコで表示されているものや数値のみのもの、リアルタイムでグラフィカルに表示されるものなど、用途によって多くの種類があります。はじめは付属のラウドネスメーターを使い、後々単体のプラグインを買うのもいいですが、じつはプラグインの表示方法によって曲の仕上がりは変わります[*2]。だからこそ、あなたが1番使いやすいラウドネスメーターを早めに見つけて使い慣れてください。

さあ、これで配信専用DAWのカスタマイズができました。次のステップは実際に2MIXを使ってマスタリングをおこないます。その前に、このセットをテンプレートとして保存[*3]。そうすれば次回からはカスタムした状態ではじめられます。

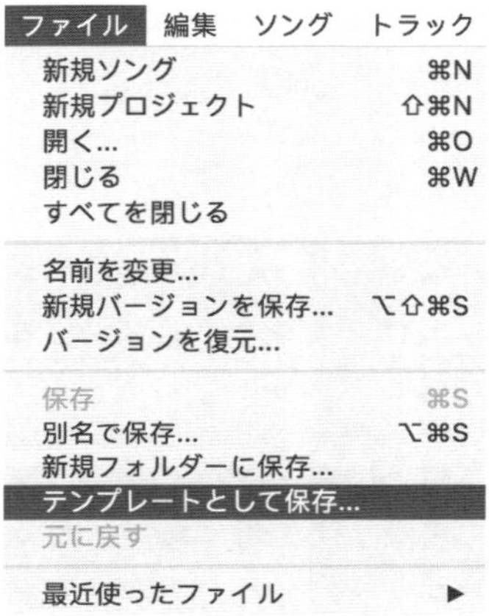

ファイル　編集　ソング　トラック
新規ソング　⌘N
新規プロジェクト　⇧⌘N
開く...　⌘O
閉じる　⌘W
すべてを閉じる
名前を変更...
新規バージョンを保存...　⌥⇧⌘S
バージョンを復元...
保存　⌘S
別名で保存...　⌥⌘S
新規フォルダーに保存...
テンプレートとして保存...
元に戻す
最近使ったファイル　▶

テンプレートとして保存しておきましょう。

ポイント

- ラウドネスメーターをマスターチャンネルに挿入し配信用にカスタマイズ
- あなたが使いやすいと思うラウドネスメーターを見つける

＊1　WAVES、WLM Plus Loudness Meterなどリミッター機能が付属したプラグインもあります。

＊2　ラウドネスメーターの選び方は、「Integrated Loudness / Long term」、「True Peak」、「PLR」の表示ができるメーターが望ましい。例えばNugen Audio MasterCheckなど。

＊3　テンプレートのファイル名は「YoutubeMasteringSet」でいかがでしょう。

◆マスタリング用のDAW

　パソコンで曲作りをするならDAWは欠かせません。主に楽器のレコーディングをおこないながら曲を完成させるならProtools。CubaseやLogic Pro、Studio Oneはコレ1台あれば曲作りが完結します。Ableton Liveは曲作りもこなしながらライブ・パフォーマンスをするにも最適なDAWです。もちろんこれらすべてのDAWでマスタリングをおこなうことはできますが、マスタリング用に特化したソフトもあります。Sequoiaはそのなかでも有名なソフトの1つ。マスタリングに最適化された作りで非常に細かい操作が可能です。

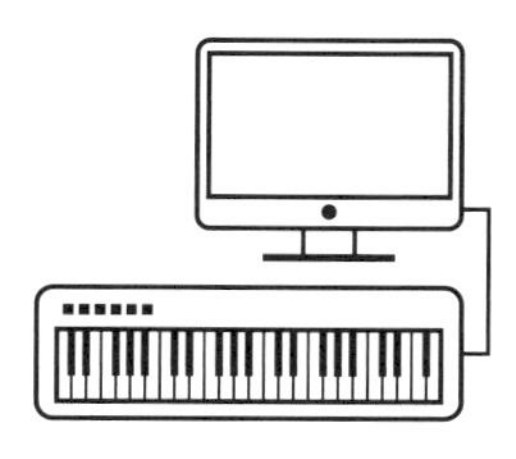

参考文献：「Sound & Recording Magazine for Beginners 2020」(『Sound & Recording Magazine』2020年2月号別冊付録) リットーミュージック, 2020

2 はじめてのマスタリング

マスタリング開始！

マスタリングで大切なことは「音量」ですが、これから制作するファイナルマスターの音量を、どれだけのレベルで仕上げるかはSpotifyやiTunes、はたまたInstagramなど配信サービスによって変わってきます。ここではYouTube[*]に合わせたマスタリングをおこなってみましょう。

1　まずはステップ1で作ったマスタリング用のテンプレートを開き、用意したオーディオファイルをDAWの1チャンネルに取り込みます。まだ再生ボタンは押さないでください。

テンプレートを開き、オーディオファイルを取り込む。

2　次にマスターチャンネルに挿入されているラウドネスメータープラグインを立ち上げます。念のためラウドネスメーターのリセットボタンを押し、数値をクリア。

数値をクリアしておく。

3　さあ、取り込んだオーディオファイルを再生しましょう。ラウドネスメーターは曲全体の音量の平均値も計測しますので、楽曲の頭から最後まで再生し、ラウドネスメーター値の動きをチェックしてください。

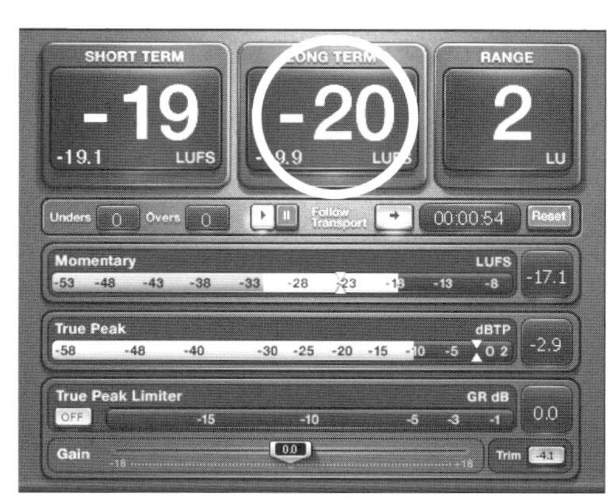

「Long Term」(プラグインによっては「Integrated」)または「LUFS」の数値をチェックする。

ラウドネスメーターにはいろいろな値を示す数字がありますが、ここでは「Integrated」または「Long Term」という数値だけチェックします。これはトラック全体の平均音量を表します。Integratedが「－13」ならベスト。「－23」なら音量がちょっと小さめで、「－3」なら大きすぎですね。もし用意したオーディオファイルがCDからリッピングしたものなら数値は限りなく大きく、－3から－6ぐらいになるのでは。

YouTubeにベストな値は「－13」

さあ本格的なマスタリングをはじめましょう。といっても操作はチャンネルフェーダーを上下に動かすだけ。例えばラウドネスメーターの数値が－3など大きい場合。

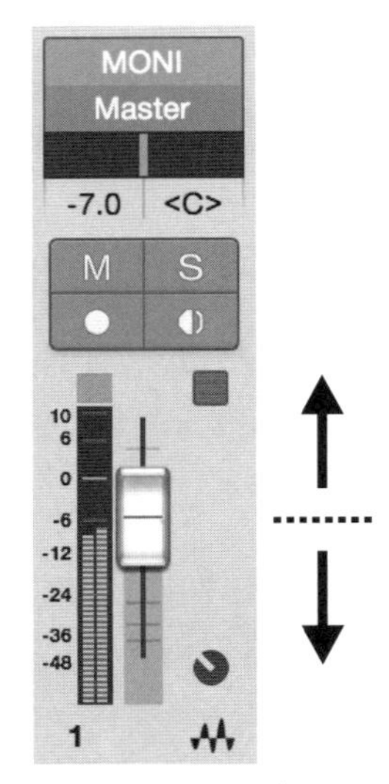

チャンネルフェーダー

1　一旦再生を止め、ラウドネスメーターのリセットボタンを押しチャンネルフェーダーを下げます。

2　再び再生しラウドネスメーターの数値をチェック。チャンネルフェーダーを下げたぶんだけ音量が小さくなり、ラウドネスメーターの値も小さくなっていきます。

3　この作業を繰り返しながらYouTubeにベストな値「－13」に仕上げると完成です。

逆にラウドネスメーターの数値が－23など小さすぎる場合は、フェーダーで音量を上げ、値が「－13」になるように仕上げます。

これでマスタリングはほぼ完了、あとはファイル名をつけて書き出すだけですが、これは次のステップにて。

ポイント

・マスタリングで大切なのは音のレベルを合わせること
・ラウドネスメーターは音量の平均値も計測
・チャンネルフェーダーを使って理想の音量に合わせる
・「－13」にIntegrated値を合わせればYouTubeには最適

＊ ほかの配信サービスでも基本となる手順は同じです。

3 最適なファイル形式で ファイナルマスターを作る

ファイナルマスターの形式とファイルネームを確認しましょう

ラウドネス値も目標値−13にそろえ、残すは楽曲の書き出しのみになりました。マスタリングを終えた楽曲をファイナルマスターとしてステレオファイルに書き出すことを「プリント」といいます。DAWによっては「バウンス」や「エキスポート」など呼び名も変わりますがすべて同じ意味です。

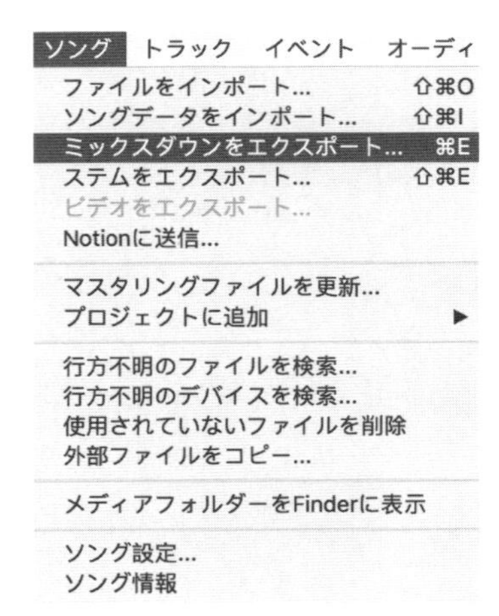

PreSonus Studio Oneでは「ミックスダウンをエクスポート」を選び、ファイナルマスターをプリントします。

このプリントの仕方をちょっとだけカスタマイズすることで、ファイナルマスターのクオリティーをアップすることができます。カスタマイズはDAWの初期設定やプリント設定でおこないます。ポイントは次の3つ。このひと手間でYouTubeで映えるハイクオリティーな音源が完成します[*]。

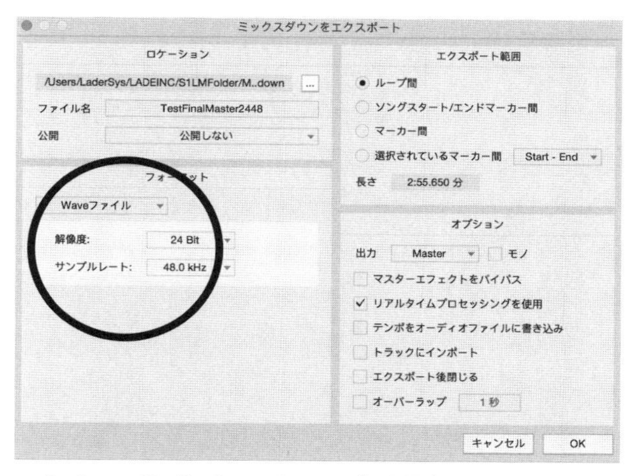

PreSonus Studio Oneでのエクスポート設定。フォーマット欄にあるファイル形式、サンプルレート、解像度を調整。

・ファイル形式：WAV
・サンプリング周波数：48kHz
・ビットレート：24bit

最後はファイルネームのつけ方。すべてアルファベットの表記を使い、こんなファイルネームはいかがでしょう。

楽曲名+FinalMaster+bit+Hz、つまり「TestFinalMaster2448」

ファイルネームに決まりはありませんが、このルールでファイル管理をおこなえば後々チェックしやすくなりますよ。またファイルネームに日本語を使うと文字化けなどのトラブルがあるため、アルファベットで表記します。最後の2448は24bit、48kHzのファイルという意味です。もし32bit、96kHzなら3296になります。

いよいよファイナルマスターのプリントです。最後にもう1度マスターチャンネルを頭から再生してみましょう。あれ、マスターレベルに赤い点がついていますか？　ついていたら、一旦マスタリングをストップし、リミッタープラグインを挿入し、レベルオーバーを回避します。

PreSonus Studio Oneのマスターチャンネルのレベル。0dBを超えて(+16dB)クリップし、赤いランプが点灯。

ポイント

- YouTubeにはWAV、48kHz、24bitが最適
- ファイルネームはすべてアルファベット表記で、楽曲名+FinalMaster+bit+Hz

＊ マスタリングをおこなう前のトラックダウンファイルが44.1kHz/16bitだった場合、48kHz/24bitに変更（アップサンプリング）をおこなっても高音質にはなりません。そのためトラックダウンファイル（ステップ6参照）がどんな形式なのか必ず確認してから設定をおこないます。もし自身の曲をミックスするならば48kHz/24bitや48kHz/32bit Floatの設定でおこない、トラックダウンファイルをプリントします。またほかのアーティストのマスタリングをおこなうなら、トラックダウンファイルの形式を確認し、可能ならば48kHz/24bit以上のファイルをリクエストしてください。

参考文献：柿崎景二『サウンド・クリエイターのための、デジタル・オーディオの全知識〈増補改訂新版〉』ステレオサウンド，2016

◆ひとつだけではないファイナルマスター

音楽を楽しむフォーマットに合わせてマスタリングをおこなった最終音源のことを「ファイナルマスター」といいます。ただしそのフォーマットはアナログレコードやCD、配信など多岐にわたり、また各配信でマスタリングの仕上げ方は変わります。一口にファイナルマスターといっても多くの種類があります。おまけに一般には出回ることのないボーカルだけが入っていないマイナスワン（TVミックス）、インストバージョンなども含めると1曲だけのマスタリングでも数多くのバージョンを制作することになります。

◆ファイナルマスターの形式はどれを選ぶ？

音源の書き出し時に使うファイル形式、サンプリング周波数、ビットレートにはいろいろな種類があり、わかりづらいですよね。それぞれを簡単に説明します。

ファイル形式

大きく3種類あります。ファイルを圧縮しないもの（非圧縮）、圧縮するもの（非可逆圧縮）、そしてロスレスという圧縮しながら音源再生時に圧縮を解凍するもの（可逆圧縮）。圧縮しないものの代表がWAVやAIFF。圧縮するものがmp3やAAC。そしてロスレスの代表がFLACです。音質がよいのは圧縮しないWAVやAIFFですが、データ量が多くなり配信には不向きです。ロスレスはWAVやAIFFとほぼ同じ音質といわれており、配信でもFLAC形式が使われはじめています。

サンプリング周波数

音の広さと覚えてください。低域から高域までの広さを示し、この数字が大きくなると高音質になります。CDは44.1kHz、プロのレコーディング現場では96kHzを使い、ハイレゾといわれるオーディオの世界では384kHzという高いサンプリング周波数のものもあります。これらはリニアPCMという形式でデジタル化されたものですが、DSDという別の形式ではなんと22.4MHzという高音質なものまであります。

ビットレート(bit)

音の解像度と覚えてください。この数字が大きくなるとダイナミックレンジ(ステップ4参照)が広くなり高音質になります。CDは16bit、配信では24bit、プロのレコーディング現場では32bit floatが使われていますが、マスタリングの現場では24bitを使用することが多いです。

4 リミッターはなるべく使わない

レベルメーターの赤点灯はNGマーク。一瞬でも点灯させてはいけません！

コンプレッサーやリミッターなど「音の大小の差＝ダイナミックレンジ」を整えるエフェクターって、簡単にパンチの効いた楽曲を作れるのでついつい使いがちです。しかし音圧が上がったぶんだけ、楽曲の奥行きがなくなり平坦な音源になります。またYouTubeやSpotifyなどのストリーミングサービスではダイナミックレンジをある程度広く保った楽曲の方が大きく聞こえるため、配信用マスタリングでは、リミッターやコンプレッサーはできるだけ使いたくないエフェクトなのです。

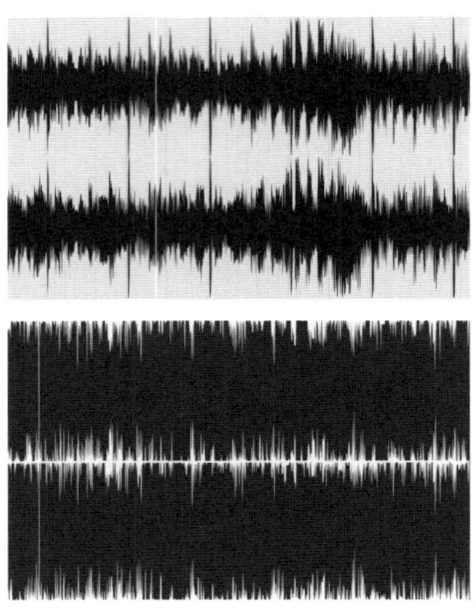

奥行きのある音源（上）と圧縮された音源（下）

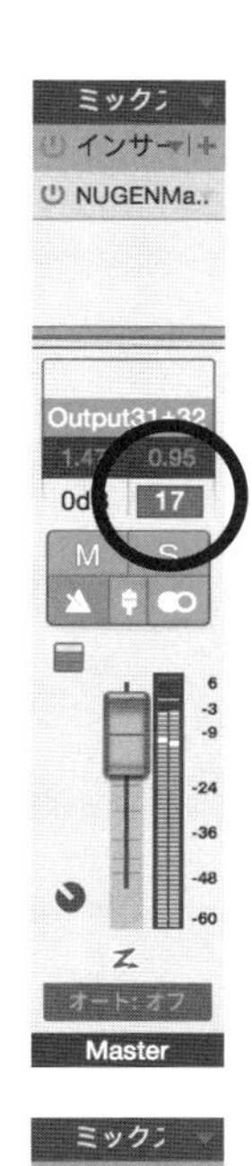

ただし必要になるときもあります。その1つがマスターチャンネルのレベルメーターが0dBを超え、レベルオーバーになるとき。これをクリッピングといいます。ラウドネスメーターを確認しながらIntegratedの値が−13で調整してあれば、クリッピングすることはありませんが、まれに0dBを超え赤ランプがつくことがあります。デジタルではこの「赤ランプ＝0dB」を超えると途端に音が歪んでしまうため、リミッターでしっかりとレベルオーバーを回避してください。

PreSonus Studio OneのMainチャンネルのレベル。0dBを超えて(+17dB)クリップし、赤いランプが点灯。

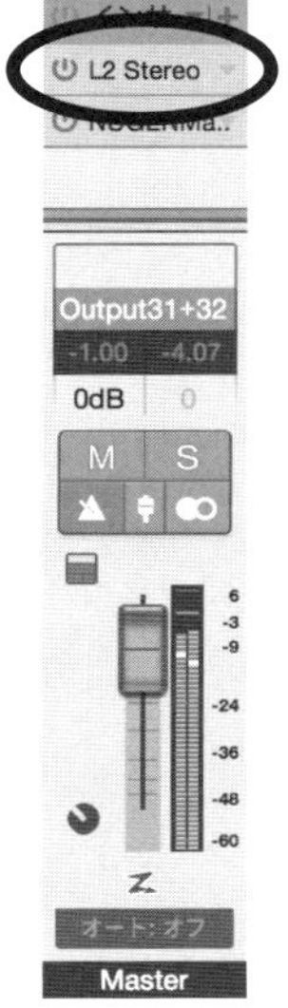

リミッターは名前のとおり、設定のレベルを超えないようにリミッティングするプラグインですが、ここでは「ピークリミッター」と呼ばれるリミッタープラグインを使用します。このプラグインを挿入する場所は、マスターチャンネルに刺したラウドネスメータープラグインの1つ手前です。

PreSonus Studio OneのMainチャンネル。インサートにてラウドネスメーターのNugen Audio MasterCheckの上にリミッター(WAVES L2)を挿入。

使い方は簡単。アウトプットレベルを調節する「Ceilling」[*]や「Out Ceilling」という名前のフェーダーやノブを操作しながら、オーディオファイルのアウトプットレベルが最高で－1dBになるようにセットします。あとはプリセットのまま。リミッタープラグインにはアウトプットレベルのコントロール以外にも素晴らしい機能がありますが今回は一切使いません。

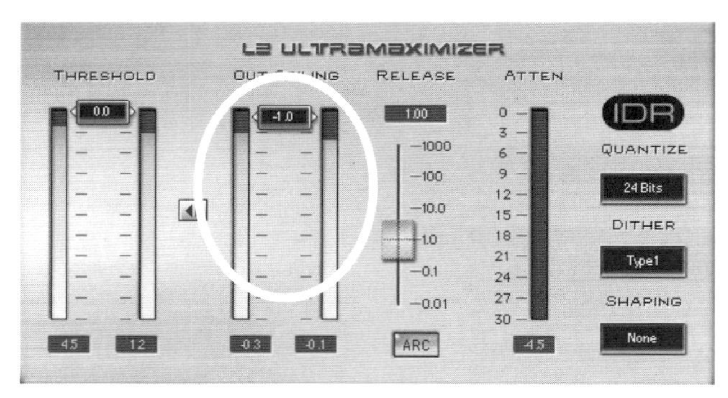

WAVES L2 ULTRAMAXIMIZER。Out Ceilingにて
アウトプットレベルを－1.0dBに設定。

これでクリッピングの心配もなく、最終マスターが完成しました。さあ、DAWでプリントを実行し、YouTube用のファイナルマスターを書き出しましょう。

またプリントするときは書き出し時間を短縮せずに、プリント設定で「リアルタイムで書き出し」をオンにして実時間で書き出ししてください。その際にラウドネスメーターを監視し、－13を超えていないかチェックしてくださいね。

ポイント

- 赤い点灯(=レベルオーバー)はNG
- リミッターはラウドネスメータープラグインの手前に
- リミッター上でアウトプットレベルを－1dBにセットする

＊ 天井や上限を意味する。

◆ラウドネス値－13って小さくないの？

ラウドネスメーターで－13に合わせた楽曲と比べ、ひと昔前のポップスのCDはとても大音量です。対して70年代に作られたロックの名盤のアナログレコードはCDより音量が小さいです。制作された時代やパッケージの違いによって音量はそれぞれ違うのです。アナログレコードと比べても－13って小さいです。

そんな音量の異なる楽曲を、例えばラウドネス値－13の楽曲、ポップスのCD、ロックのレコードをステレオのアンプにつないで順番に聴くと、大音量のポップスではボリュームを小さくしたり、ロックがはじまった途端もの足りなくボリュームを上げたりと、音量調整が大変です。

そのため、さまざまな楽曲を配信するYouTubeやSpotifyでは、試聴しているリスナーを煩わせないように、すべての楽曲を決められた基準の音量に変換します。その基準がYouTubeなら－13という数字なのです。もう少し詳しく説明すると－13LUFSというラウドネスの数値を基準とし（LUFSとはラウドネスの単位のこと）、もし－13LUFSよりも大きい音量の楽曲ならば、音量を強制的に（ノーマライズ）補正し、－13LUFSまで落とします。なので配信では－13は適正な音量といえるのです。

参考文献：京田真一、松永英一『Sound & Recording Magazine』2018年7月号「ラウドネスとは何か？　放送基準から学ぶ音のレベル」リットーミュージック, 2018
丸谷正利『JPPA会報』2010年4月～10月号「連載ラウドネス講座」日本ポストプロダクション協会, 2010

■初級編まとめ

配信用マスタリングで1番大切なことは、タテのライン＝音量をコントロールすること。1章前半では、少ない手順で音量をコントロールしながらYouTube向けのマスタリング方法をお話ししましたが、一連の手順はiTunesやSpotifyなどの配信用マスタリングでもほぼ同じです。

1　ラウドネスメータープラグインを挿入
↓
2　音量をIntegrated値で「－13LUFS」に調整
↓
3　リミッターを「－1dB」にセット
↓
4　最終マスターは24bit/48kHzでプリント。

まずはこの音量をコントロールする4つの流れをマスターし、ステップ5からの上級編で解説するテクニックを覚えながら楽曲をブラッシュアップしましょう。

ポイント

- 4つの手順を覚える
- ラウドネスメーターの値を－13LUFSにセット
- リミッターの値を－1dBにセット

ダイナミックレンジと、ダイナミックレンジを整えるエフェクト

ダイナミックレンジというのは、楽曲の一番静かな部分と最大の音量の部分の差をいいます。例えばベートーヴェンやモーツァルトのオーケストラ楽曲はダイナミックレンジがとても広いです。非常に弱い音で繊細さを演出しながら、クライマックスでは壮大な世界観へ誘う。音の強弱がなければとても表現できない楽曲ですね。対してひと昔前のポップスは、音をデカく派手にするためダイナミックレンジを狭め、とてもパンチの効いた楽曲に作られています。

では、ダイナミックレンジが広ければいいのかというと、そうでもありません。その楽曲をどこで聞かせるのかがとても大切なのです。例えば、舗装されていない山道を車で移動中に壮大なクラシックを聞いても、車や周りの雑音にかき消されてゆっくり楽しむことはできないですね。そんなときは派手でパンチの効いた楽曲が最適かもしれません。マスタリングで大切なのは、どんな場面でどうやって音楽を楽しむのかを意識すること。イヤホンで聞かれる配信用のマスタリングでは、CDよりもダイナミックレンジを広く保ったまま仕上げることが大切です。

コンプレッサー

コンプレッサーは2つのことをおこなうエフェクターです。1つは楽曲の大音量部分を抑える（叩く）こと。もう1つは抑えた音量ぶんだけ全体の音量を大きく増幅することです。大きい音を抑えたぶんだけ全体の音量が上がり、それまで小さかった音も大きくなる仕組みです。その結果、ダイナミックレンジは狭まり全体の音圧が高まります。

NEVE 33609 (prime sound studio form所有)

ハードウェアコンプレッサーの名機といえばNEVE33609。別名ボーカルコンプとも呼ばれ、かけた瞬間にボーカルがグッと前に出てきます。トラックダウンファイルのプリントの際、マスターチャンネルに挟み使うことが多いですが、マスタリングにも使用します。

マルチバンドコンプレッサー

コンプレッサーは音源のすべての周波数帯域にエフェクトしますが、マルチバンドコンプは特定の周波数帯域に振り分け、個別にコンプレッションします。例えばボーカルや低音部分に影響を与えることなくハイハット部分をコンプレスすることができます。

MASELEC / MLA-3（MIXER'S LAB所有）

マルチバンドコンプレッサーの歴史は浅く、それほど多くの機材はありませんが、Maselecは多くのマスタリングスタジオで使用されています。

リミッター

リミッターはコンプレッサーよりも圧縮率が高く素早く作動し、大音量部分がピーク値を超えないように抑え込むためのエフェクターです。また全体の音量を上げつつリミッティングをかけると、どんどんダイナミックレンジは狭まり音圧は上がり、体感する音量が大きくなります。

マキシマイザー、ブリックウォールリミッター

リミッターの仲間で音圧を高めるためのエフェクターです。ピーク値はしっかりとリミッティングするので、全体の音量を

上げるとそのぶんダイナミックレンジは狭まり音圧も上がります。音をデカく派手に演出するために用いられます。

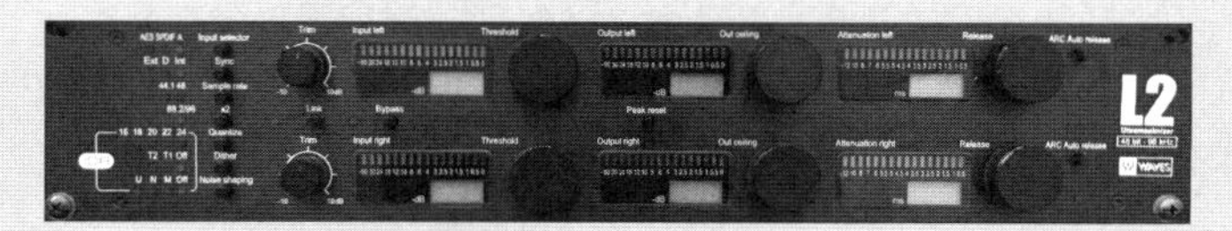

WAVES L2 (ISC所有)

5 ミキサーの仕組みを知る

ここからが上級編。プロも愛用するマスタリングセットをあなたのDAWに仕込んでいきます。ステップ4までは1曲だけのマスタリングセットでしたが、このセットではアルバム単位など複数の楽曲も扱え、またさまざまな形式の楽曲にも対応した細かい調整ができます。ですが、セットアップの前にちょっとだけ、DAWのミキサー機能について知っておきましょう。まずはミックス、ミキシング、ミキサーの用語解説から。

ミックスとは、

多くの音源を1つにまとめることをいいます。具体的にはドラムやギター、ボーカルを1つのステレオ音源にまとめるため、ミキシングとトラックダウンという2つのことをおこないます。

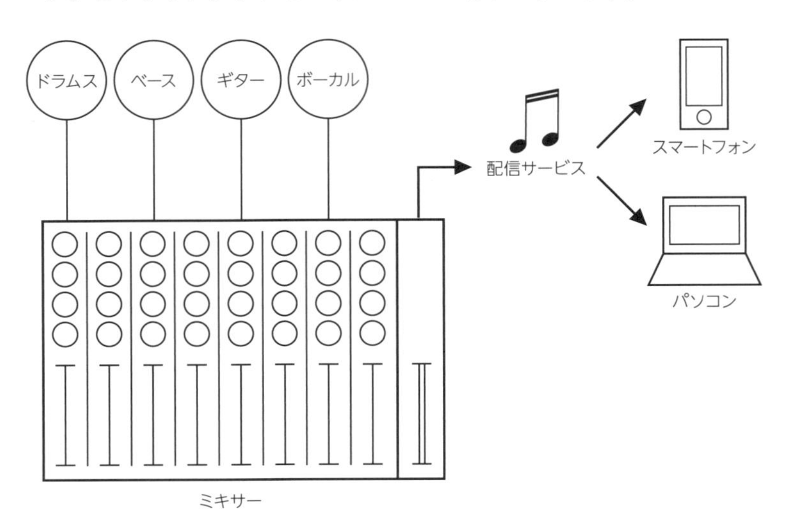

ミキシングとは、

レコーディングされたドラムやベース、ボーカルを単純にまとめて再生しても素晴らしい音源にはなりません。料理で例えると、キャベツやニンジン、ピーマンを切って皿の上に盛りつけても美味しい野菜炒めにはなりませんよね。材料を揃え、食べやすいように切ったり、フライパンで炒めたり、調味料を使って味をつけたりと、調理してはじめて美味しい野菜炒めが完成します。ミキシングも同じです。ミックスが完成した料理なら、ミキシングはより具体的な調理にあたります。ドラムはドラムのチャンネル、ボーカルはボーカルのチャンネルに立ち上げ、個別にEQやコンプレッサー、リバーブを使いながら、それぞれの音量や音色、左右や奥行きのバランスを整え、ミックスでの最終プリントであるトラックダウンファイルを作ります。

SSL 9000J SE/72ch (prime sound studio form所有)

ミキサーとは、

もともとミキシングに特化した働きをする機械のことで、ミキシング作業をおこなうための専用ハードウェアをミキサーといいました。しかし現在はDAWが独自のミキサー機能を持っているので、ハードウェアのミキサーを使うことが少なくなっています。さて、そのミキサー内部では音源がどのように流れているのでしょうか。

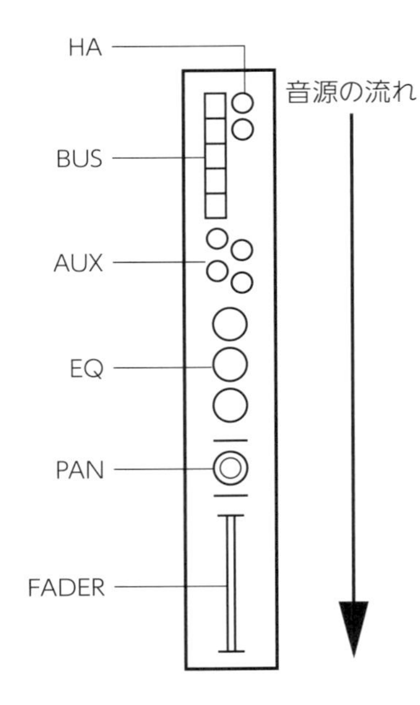

チャンネルの流れ

通常、ミキサーに入った音源は「上から下、そして右へ」と流れます。ハードウェアのミキサーでは各チャンネルで、まずヘッドアンプ（HA）に入り、AUXを経てEQやコンプを通りPAN、そしてフェーダー（FADER）へ流れていきます。DAWならインプットから入った音源がEQやコンプなどのプラグインインサートパートを経て、AUX、PANを通過しフェーダーへと、ハードウェアのミキサーと同じように上から下へと流れてきます。

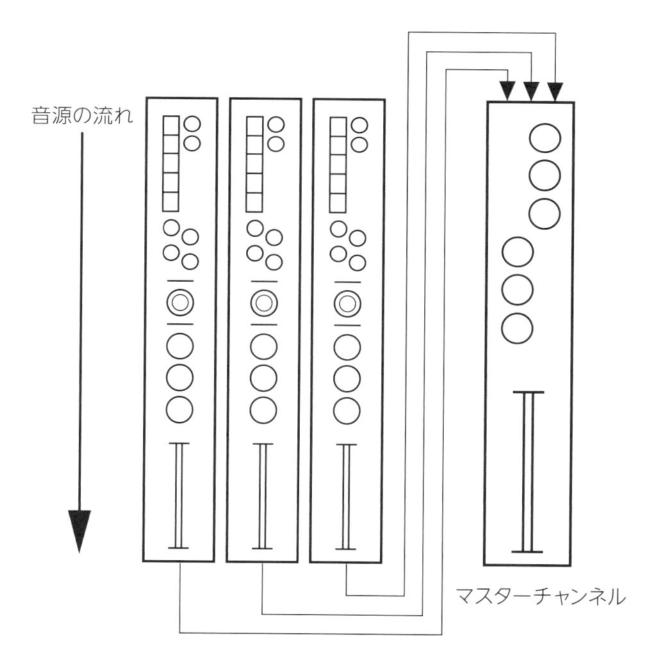

ミキサーの流れ

チャンネルの終点であるフェーダーから送られてきた音源は、右端にある最終段のマスターチャンネルへ向かいます。これは昔のミキサーの多くが、右側にマスターチャンネルを配置していたためで、DAW主流の現在もその配置が残っています。マスターチャンネルでまとめられた音源は、トラックダウンファイルとしてプリントされます。【*】

さあミキサーの働きを理解しながら、プロもご愛用のマスタリングのセットを作りテンプレート化しましょう。

ポイント

- ミックスとは、多くの音源を1つにまとめること
- ミキサーの音の流れは「上から下、そして右へ」

＊ もちろんDAWによっては、マスターチャンネルの位置が、ミキサーの中央や、右端にあったり、マスターチャンネルの場所を変更できますので、本来は上から落ちてきた音源をマスターチャンネルへ向かって、と表現するのが正しいのかもしれないですね。

◆トラックダウン(ミックスダウン)

トラックダウンはミックスの最終段階で、1つのステレオファイルにプリントすることをいいます。たくさんのチャンネル（トラック）をステレオ2chにまとめる（ダウンさせる）ので、ティーディー（TD)と略していいます。

このトラックダウンファイルは最終調整がおこなわれるマスタリングへと送られるため、マスタリングしやすいように、みなさんが聞いているレコードやCDよりも音量が小さくプリントされています。VUメーターでいうなら0dBを超えない程度、レベルメーターなら－20dBから－8dBぐらい。ダイナミックレンジも広く作られています。もしあなたが受け取ったトラックダウンファイルの音量がCDと変わらないような高音圧のものなら、コンプレッサーやマキシマイザーを外した音圧処理されていないトラックダウンファイルをリクエストしましょう。

◆ハードウェアのミキサー

有名なミキサーといえばNEVEやSSL、APIがあります。NEVEといえば、伝説のSONY六本木スタジオにて使用されたNEVE8068。名機1073EQがビルトインされた8068は80年代の日本の歌謡曲、ニューミュージックシーンを形作りました。SSL4000Gは90年代のロッキンなサウンドで現在も使われるミキサー。APIのミキサーといえばLAのSunset Sound Studioのカスタム APIが有名で、70年代アメリカなサウンドです。どれも個性的なサウンドを持ち、現在でもプラグインにて再現されています。

プロも使用するマスタリングセット

ここからは複数の楽曲も同時にマスタリングができる、マスタリング用のセッションファイルを新しく作ります。同時にテンプレート化して保存しておけば、いつでもマスタリングをはじめられます。まずは新規セッションファイルを立ち上げ、次の6つの設定をおこないましょう。

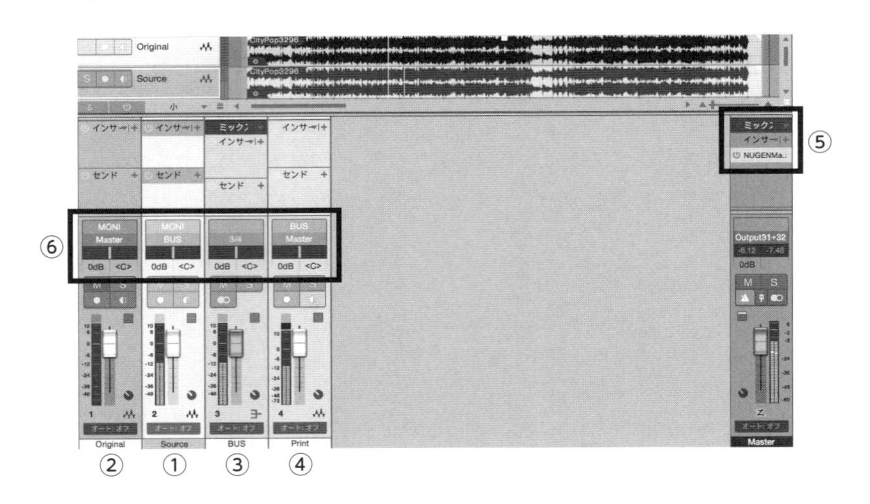

①再生用の新規ステレオチャンネルを作成（ソースチャンネル）

再生と音量調節チャンネル。マスタリングをおこなう楽曲の再生用のチャンネルで、BUSチャンネルへ送る音量の調節だけをします。

②ソースチャンネルの複製（オリジナルチャンネル）

確認用チャンネル。マスタリング前のトラックダウンマスターとマスタリング中の楽曲との音量や音質の差を確認するために使います。例えばマスタリング中にEQを使ったり、コンプレッサーをかけたり、音量を上げたりすると音質はどんどん変化し、トラックダウンマスターの音質がどうだったか確認したくなります。こんなとき、すべてを元の状態に戻すにはちょっと手間がかかりますよね。比較する確認用のトラックを作っておけば、再生するチャンネルを切り替えるだけで変化の差を簡単にチェックできます。

③BUSチャンネルを作成（BUSチャンネル）

プラグイン専用のチャンネル。ソースチャンネルから送られた楽曲を、EQやコンプレッサーなどのプラグインを用いて調節します。

④プリント用ステレオチャンネルを作成（プリントチャンネル）

書き出し用チャンネル。調整が終わりファイナルマスターとしてプリントするためのチャンネルです。

⑤マスターチャンネルにラウドネスメーターを装備

レベル確認用チャンネル。マスターチャンネルはラウドネスメーターやレベルメーターを刺して音量を監視するために使います。仮に複数の曲をマスタリングする場合でも、ラウドネスメーターをマスタートラックに刺しておけばトラックごとにメーターを刺す必要がありません。ラウドネスメーターの挿入箇所はプラグインのインサートスロットの1番最後に設置します。

⑥各チャンネルのアサイン(割り当て)

最後は各チャンネルの接続をおこないます。まずソースチャンネルのアウトプットをBUSチャンネルに割り当てます。次にプリントチャンネルのインプットをBUSチャンネルに、アウトプットをマスターチャンネルに指定します。このままではBUSチャンネルとプリントチャンネルの両方から楽曲が二重にマスターチャンネルに送られるので、BUSチャンネルのアウトプットをマスターチャンネルから外します。例えばDAWでマスターチャンネルと別のアウトプットチャンネルを作り（仮に3/4など）、BUSチャンネルから送られる楽曲をそちらに逃がします。

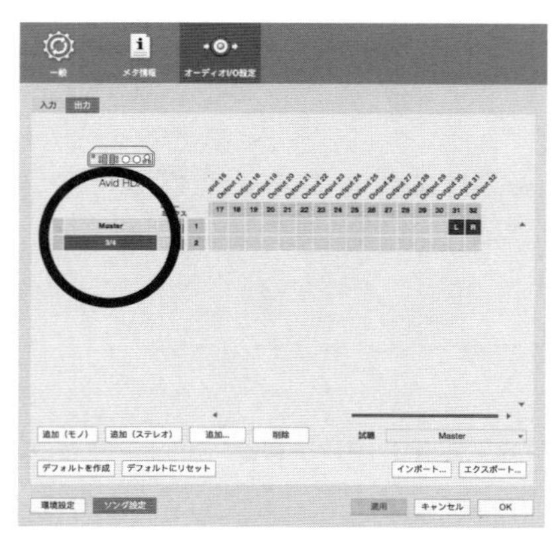

DAWのオーディオI/O設定にて出力を増やし、
別のアウトプットチャンネルを作ります。

楽曲の流れは、ソースチャンネルからBUSチャンネルへ流れてアウトプットの3/4へ。プリントチャンネルは、BUSチャンネルからインプットを受けてマスターチャンネルへ送られます。またオリジナルチャンネルは直接マスターチャンネルへと送ります。

ステップ3で作ったマスタリングセットとの大きな違いは、BUSチャンネルとプリントチャンネルです。BUSチャンネルはソースチャンネルとマスターチャンネルとの間に作り、エフェクト専用チャンネルとしてEQやコンプレッサーなどのプラグインを挿入して使用します。プリントチャンネルはBUSチャンネルの隣に作ります。またアルバム単位など複数の楽曲を扱う場合は、①〜⑥の設定を各楽曲ごとに作ります。

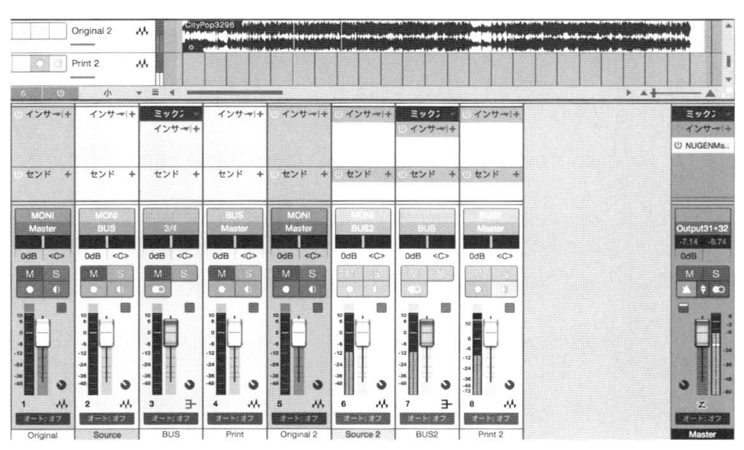

2曲のマスタリングをおこなうため①〜⑥の設定を2つ作っています。

次ステップでは、適正な音量に整えるための2つのプラグインエフェクトを備えつけます。

ポイント

・確認用のオリジナルチャンネルを作成
・エフェクト専用のBUSチャネンルを作成
・書き出し用のプリントチャンネルを作成
・アウトプットチャンネルを追加し、各チャンネルをアサイン

◆BUSチャネンルってなに？

BUSチャンネルのバスとは、道路を走行する乗り合いバスと同じ意味です。バスは乗車場からたくさんのお客さんを乗せ目的地まで運びます。BUSチャンネルも同じように、各チャンネルから送られた多くの音源を1つにまとめてマスターチャンネルへと送り届けます。例えばバス·ドラムやスネア・ドラム、ハイハットなど個別にレコーディングしたドラム·キットをBUSチャンネルへ送って音源をまとめ、コンプレッサーなどのエフェクターを使いながら個々の音源のなじみをよくしたり、パンチのあるサウンドにしたりと、個別のチャンネルでは生み出せないサウンドを作ります。

◆BUSコンプの名機

ハードウェアのBUSコンプで名機とされるのはSSLのBUSコンプ。もともとはSSLのミキサー 4000Gなどに付属していたコンプレッサーですが、独特なモチッとした感じは唯一無二。2ミックスでの使用はもちろん、例えばボーカルトラック、ボーカルのパラレルコンプトラック、ボーカルのリバーブなどボーカル関連のトラックをすべてBUSコンプに送り、存在感のあるボーカルを作ったりします。

7 トゥルーピークリミッターでエラー回避

エラーのない安全なファイナルマスターを作るためにトゥルーピークリミッターを使う。

ステップ4ではリミッタープラグインを使ってYouTube用のファイナルマスターを作りましたが、より安定したマスターのために、トゥルーピークリミッターを使ってレベルオーバーを回避します。Spotifyなど多くの配信サービスが、トゥルーピークという値を使ったファイナルマスター作りを推奨しています。そのため配信用のマスタリングをおこなうには、トゥルーピーク値をしっかりとリミッティングするプラグイン、トゥルーピークリミッターをプラグインインサートの最終段に挿入します。

WAVES WLM Plus Loudness Meter

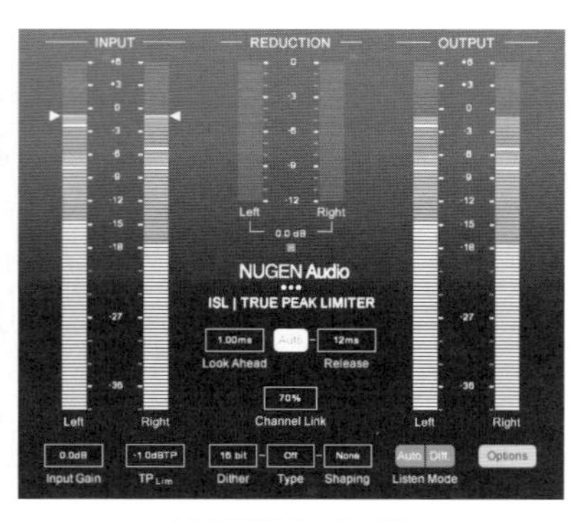

NUGEN Audio ISL

トゥルーピーク対応のリミッター

トゥルーピークリミッターとひと口にいっても数多くの種類があります。使いやすさを重視したものやクリアなサウンドに徹したもの、音に独特な味つけに仕上げるものなど。デモ版を使ってみてあなたに1番ピッタリくるものを探してください。

ここではNugen Audio LISを使います。

1 トゥルーピークリミッターを挿入する場所は、プリントチャンネルのプラグインインサートの1番最後になります。マスタリングのすべての処理後に使うプラグインですから、ほかのプラグインに干渉しないように最後に挿入しなければいけません。

2 LISでは左側にあるレベルメーターの下、Rチャンネルの下にリミッティングのレベルを調整するボックスがあります（TPLm）ここでレベルを－1dBTPにセットすれば完了です。

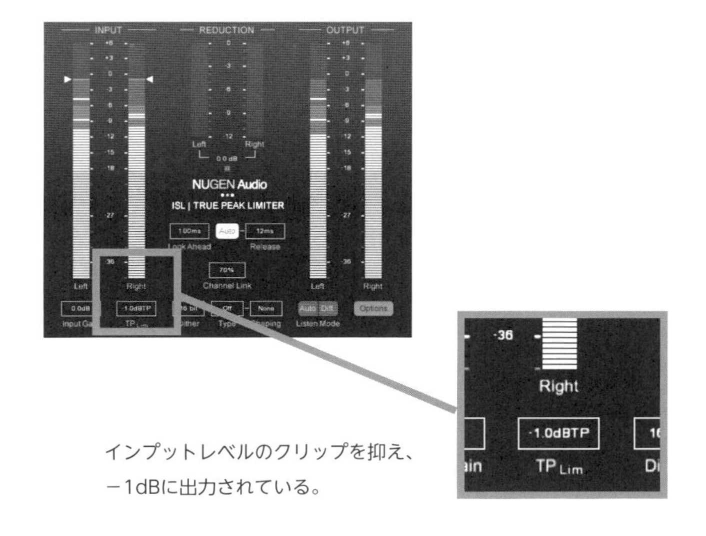

インプットレベルのクリップを抑え、
－1dBに出力されている。

例えばSpotifyに－1dBを超えたマスターを納品した場合、配信時に意図していない歪みやノイズが出る恐れがあります。苦労して最高のマスターを作ったのに、**たった1dBの余裕を作らなかったばかりに歪みが聞こえる**……、そんなことが起こらないためにも、トゥルーピーク対応のリミッターでしっかりと－1dBぶんのレベルを確保しましょう。

ポイント

・**トゥルーピークリミッターを使い－1dBTP確保する**

参考文献：丸谷正利『JPPA会報』2010年10月『連載ラウドネス講座』第5回「トゥルーピークとサンプルピーク」日本ポストプロダクション協会2010

◆トゥルーピークだけが示す「本当の」数値

Spotifyにピークメーターで－1dBを超えていないマスターを納品しても、配信時に意図していない歪みやノイズが出ることがあります。苦労して最高のマスターを作ったのに歪みが聞こえるのはなぜか……。じつはピークメーターが「本当の」数値を示していないからです。そのため、再生環境やファイル形式が変わると0dbを超えてしまうことがあります。

このピークメーターの原理を説明するため、バスに乗りながら窓から外の風景を眺めている場面を想像してください。バスの速度に合わせて、コンビニやレストランなどの街並みが流れていきます。このとき、一瞬目を閉じるとその間に流れた街並みは見えないですよね。コンビニの隣が薬局だったとしても、目を閉じていれば薬局を見失います。実際はコンビニ、薬局、レストランと並んでいても目に映るものはコンビニとレストランだけです。デジタルレコーディングやデジタルのピークメーターも同じように「一瞬、目を閉じているとき」があります。その瞬間に0dBを超えてもクリップの点滅はしません。しかし実際はレベルオーバーしている箇所がありますから、再生環境やコーデック変換（P73参照）をおこなうとノイズや歪みとして現れます。そのため「一瞬も目を閉じず」ピークを監視するトゥルーピークリミッターを使ってしっかりとピークを抑え込む必要があります。

 コンプレッサーの使い方

音量のバラツキはコンプレッサーで整える。

マスタリングではあまり出番のないコンプレッサーですが、バラードなどミディアムテンポでしっとり聞かせる楽曲の音量を整えるには最適です。ポイントは楽曲のパートごとの音量差。バラードはサビへ進むにつれ、ボーカルやバックの演奏も厚くなり音量が大きくなる反面、イントロやAメロではバックの演奏も薄く音量も小さくなるような楽曲構成になっています。通常ならこの差はミックスの段階で調整されていますが、トラックダウンファイルでも極端に音量差がある場合は、コンプレッサーを使って調整します。

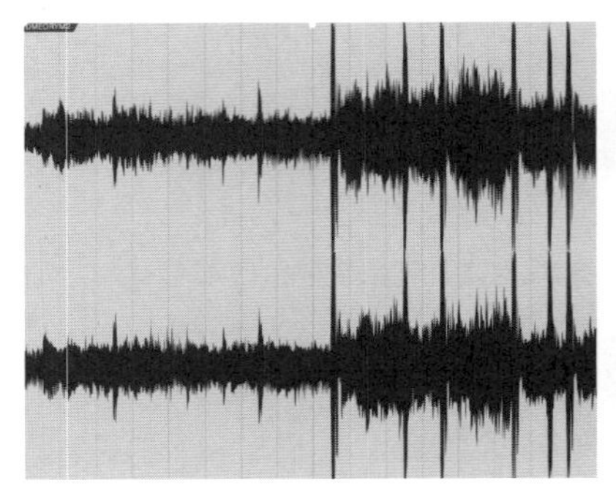
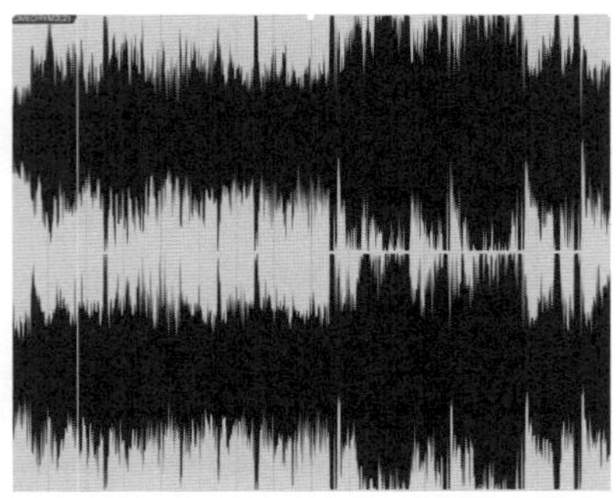

コンプレッサーの使用前（左）と使用後（右）の波形の変化

コンプレッサーの働きは名前のとおり音量を「圧縮（コンプレス）」することです。ここではあくまで1番大きいサビの部分を叩き（音のピークを抑える）、その結果、音量の小さい部分を引き出すようにセッティングします。

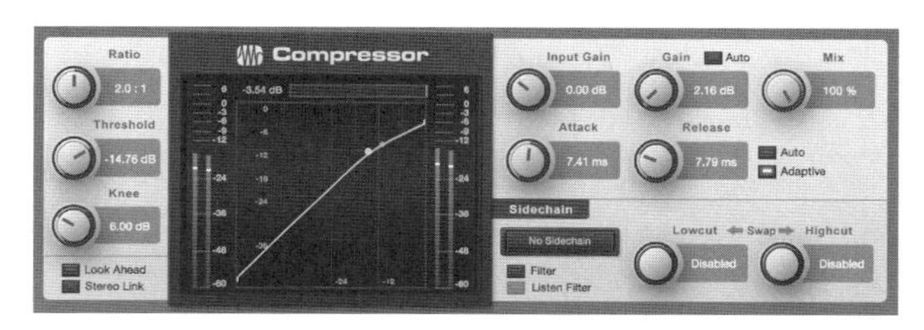

コンプレッサープラグインの設定

まずはコンプレッサープラグインをBUSチャンネルの真ん中辺りに挿入し、以下のとおりに設定します。

レシオ：2:1
Threshold：－14～16dB
アタック：7～9ms
リリース：7～9ms

最後はThresholdの値を、サビの1番大きいところで2dBだけコンプレス（リダクション）するように設定すればOKです。サビ以外の部分ではコンプレッサーが効きません。この状態でコンプレスしたぶんの2dBをアウトプットで持ち上げれば、曲全体が2dB持ち上がることになります。

これで小さい部分にもスポットライトがあたり、はっきりと聞こえるようになります。**特にスマホやPCは、サビ以外の音量の小さい部分はより小さく感じることがあります**。こんなときにはうっすらとコンプレッサーをかけてあげます。ただし油断は禁物。**配信サービスとコンプレッサーとは相性が悪い**ので、必要なぶんだけを持ち上げるようにしてください。

ポイント

- コンプレッサーは音量のバラツキを整える
- バラードでは最大音量から－2dBのみをコンプレス
- 配信サービスとコンプレッサーとは相性が悪い

◆コンプレッサーは諸刃の剣

ステップ8で使用したコンプレッサーの目的は、音量の小さい箇所を持ち上げるために、音量の1番大きい部分を抑え、圧縮したぶんだけ全体の音量を持ち上げるというテクニックでした。

1　音量が大きい部分を検知→Thresholdで設定
2　音量が大きい部分の音を叩いてコンプレス→レシオで設定
3　コンプレスしたぶんだけ音量が小さくなる→メーターで確認
4　小さくなったぶんだけボリュームを上げる→アウトプットを上げる
5　結果、今まで小さい音量だった箇所が持ち上げる

アタックはコンプレッサーがかかりはじめるタイミングです。この数字が大きくなるとゆっくり作動し、数字が小さいと早くかかります。ゆっくりと作動する設定ではパンチのある音になりますが、コンプレッサー臭さも出てきます。そのため、マスタリングでは自然にコンプレッサーがかかるように、早めにかけることが多いです。またリリースはコンプレッサーのかかり終わりのタイミングです。数字が小さいとタイトな音になりますが、不自然な感じも出てきます。このように使い方によってはアタックやタイトな感じがつき、元気のよいファイナルマスターを作ることもできますが、反面、楽曲のクリアさや広がり、ダイナミックな感じは確実になくなっていきます。コンプレッサーは諸刃の剣なのです。

9 適切なダイナミックレンジをキープする

広くなく、狭くない、適切な音のレンジを見極める

配信サービスではダイナミックレンジを示すPLRの値が「12」の楽曲が、もっともバランスがよいといわれています。この12という値は簡単な引き算で求められます。例えばYouTubeはラウドネス値が－13LUFS、トゥルーピークが－1。この差は12です。ラウドネスメーターでダイナミックレンジを示す「PLR12」はまさにこの数値を示しています。

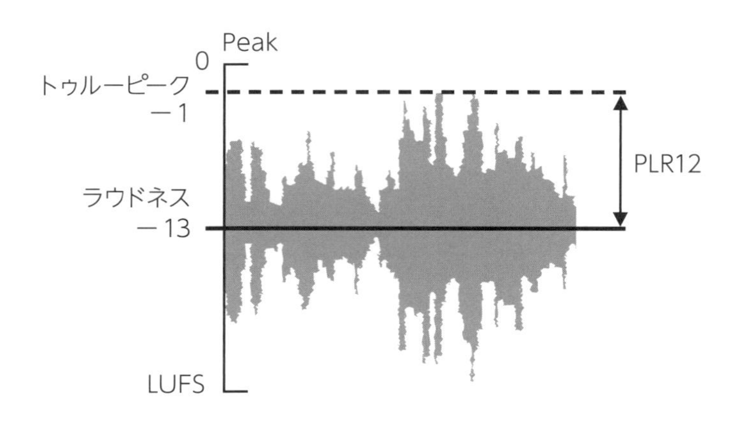

YouTubeはラウドネス値が－13LUFS、
トゥルーピークが－1。よってPLRは12。

それでは12より広いダイナミックレンジの楽曲はどうなるのでしょうか？　例えばPLR15の楽曲の場合、YouTubeのPLR値は12ですから3dB小さく配信されます。それでは同じ楽曲をSpotifyで配信する場合にはどうなるでしょうか？　Spotifyはラウドネス値が−14LUFS、トゥルーピークが−1。引き算するとPLR値は13となるので2dBオーバーするのですが、Spotifyは配信時にピークリミッティングをかけているので音量が小さく配信されることはありません。ただし2dB抑えられますので、適切なダイナミックレンジを保ったマスター作りが理想です。

ラウドネス値やトゥルーピークの数値が配信サービスごとに違うようにPLR値も変化します。本来は配信サービス別に合わせたマスタリングが最適ですが、配信用マスターがひとつの場合はPLR値は12に合わせます。

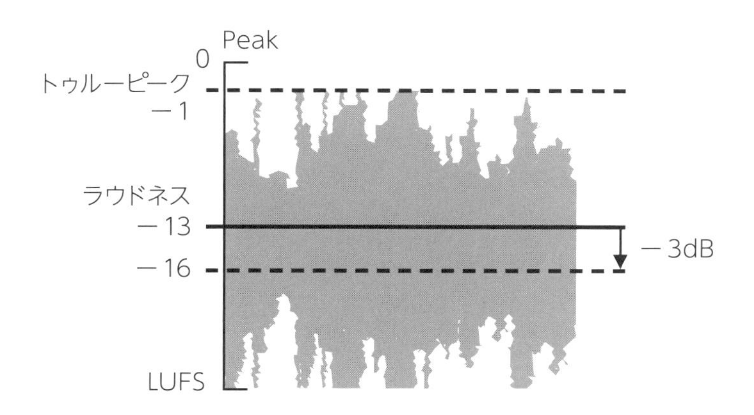

PLR15の楽曲の場合、YouTubeのPLR値は
12なので、3dB小さく配信されてしまう。

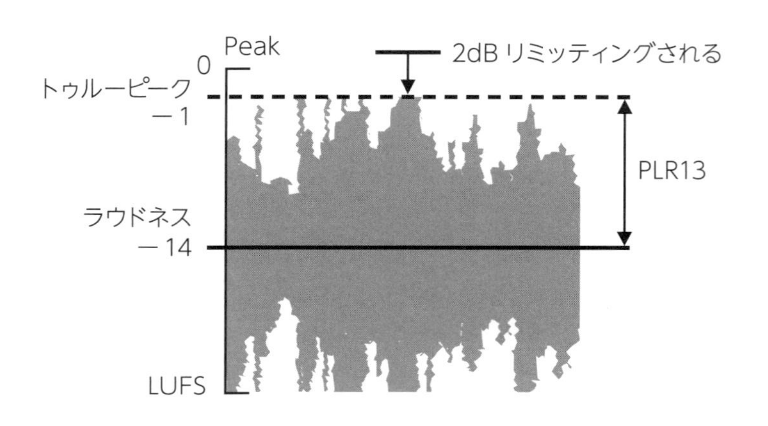

Spotifyでは PLR15の楽曲の場合、配信時にピークが2dB抑えられる。

PLRが12よりも大きい楽曲ならばコンプレッサーやリミッターを使って調整します。コンプレッサーを使用する場合は、チャプター8で紹介したバラードの例を応用できます。今回はキッチリとボリュームを抑え込むため、レシオを強めに選び（4/1 ～ 100/1）、Thresholdをより深く入れます。またリミッターならばもっと簡単に調整できます。最終段に挿入済みのリミッターを呼び出しインプットボリュームを上げ、対してアウトプットレベルを下げて調整します。現在はインプットボリュームが0、アウトプットレベルが－1dBTPになっていますが、この間のレベルを縮めるように調整しながらPLR12、－14LUFSを目指して設定します。

このリミッターの調整で、90年代のロックやJPOPなど音圧感高めのガッツリコンプのかかったサウンドも作ることができます。やり方はリミッターのインプットボリュームをさらに高めに、アウトプットレベルを低めに設定しながらダイナミックレンジを縮めます。こちらもPLR8～4を目安にラウドネス値が−14LUFSになるように設定します。

ただしアウトプットレベルが低くなったぶんだけ、ストリーミングサービスでは確実に小さな音量で配信されます。そのことに注意しながら調整しましょう。また、TOP40にランクするヒット曲にはPLR8辺りの設定が多いといわれています。

ポイント

- 適切なダイナミックレンジを保つ
- 配信ではPLR12が理想
- 音圧感高めの楽曲は配信で音量が小さくなる

■上級編まとめ

Spotify用マスタリング　パート1

ここまでのステップで学んできたことをふまえて、まとめとして、Spotify用マスタリングを実践してみます。Spotifyはほかの配信サービスとは異なり、配信時にリミッター【*】を使用するため、PLR値に注意しながらマスタリングをおこないます。ラウドネス値は−14LUFS、トゥルーピーク−1dBTP、PLR13（PLR12が理想）を目指してマスタリングしましょう。

1　マスタリング用のセッションファイルを立ち上げ、ソング設定にてサンプリングレートと解像度を確認。ここでは48kHz/24Bitを選択します。次はソースチャンネルに楽曲を取り込みます。また同時に比較用としてオリジナルチャンネルにも同じ楽曲を取り込みます。

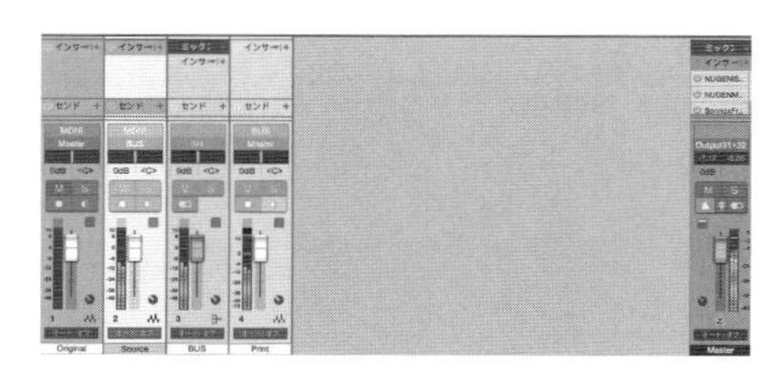

2　ラウドネスメーターをリセットし、楽曲をフル尺で再生。

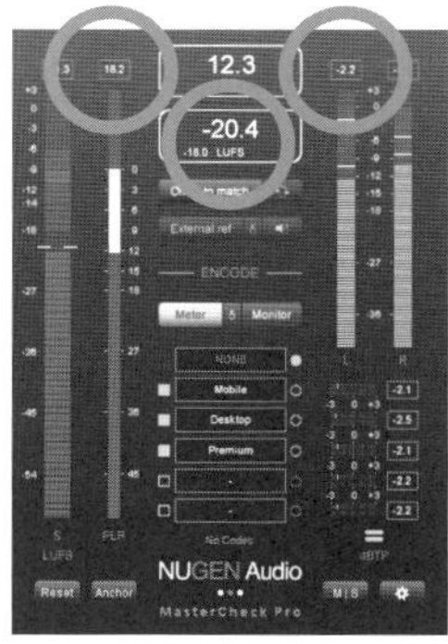

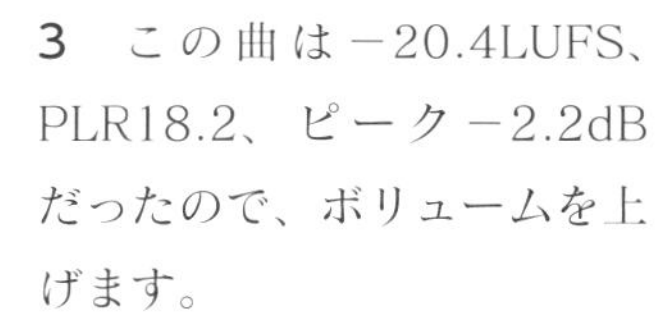
3　この曲は－20.4LUFS、PLR18.2、ピーク－2.2dBだったので、ボリュームを上げます。

4　リミッター（FabFilter Pro-L）をソースチャンネルに挿入。今回はトラックダウンマスターのボリュームが小さいためリミッターで音量をアップさせますが、ボリュームが大きい場合はチャンネルフェーダーで音量を調整します。

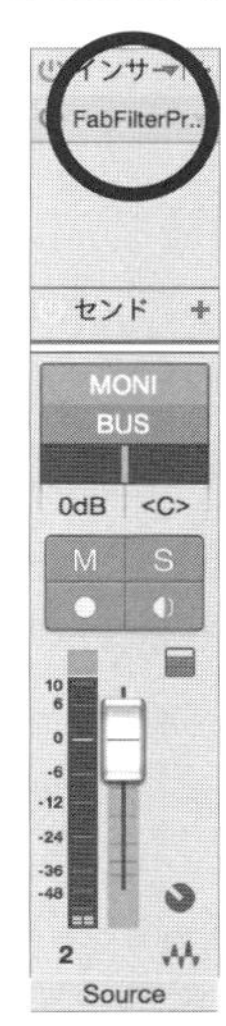

5　リミッターのゲインを＋8.4dB、アウトプットレベルを－2.0dBに調整。これでラウドネスメーターは－14LUFS、PLR12.1となる。

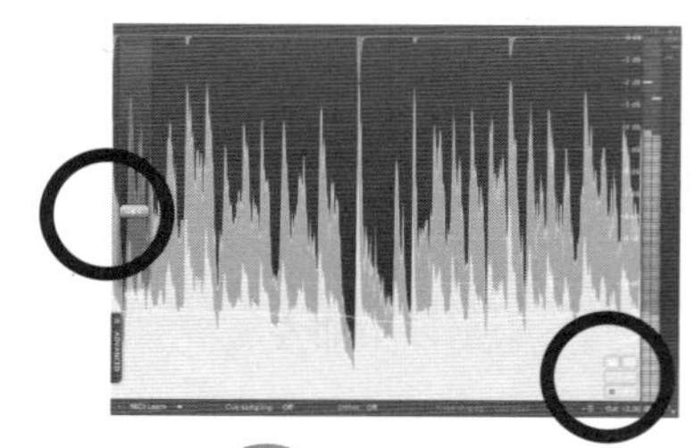

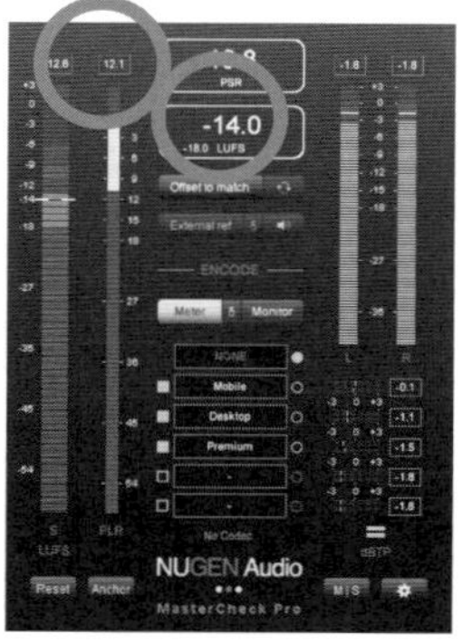

6　オリジナルチャンネルをソースチャンネルと同じ音量に合わせるためフェーダーで＋6.1dB上げ、両方のトラックを比較する。

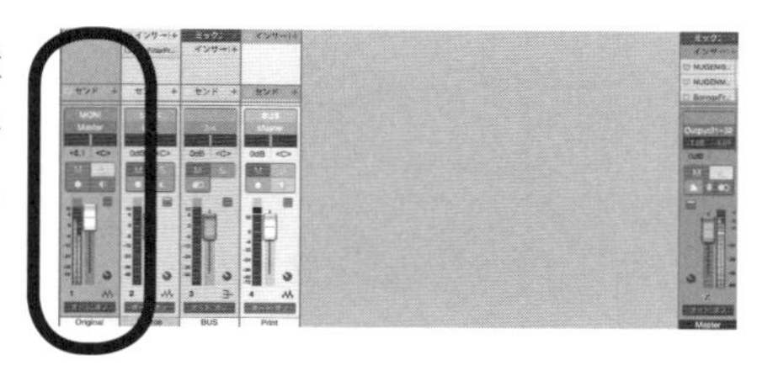

7　ラウドネスメーターを見るとコーデックによってはピークが－0.1dBとなってしまいます。保険のためトゥルーピークリミッターNUG

EN Audio ISLにて－1dBTPにセットします。リミッターの挿入場所はプリントチャンネルのトップ。もし－14LUFS以上の楽曲をSpotifyにて配信する場合には、トゥルーピーク値を－2dBTP確保します。

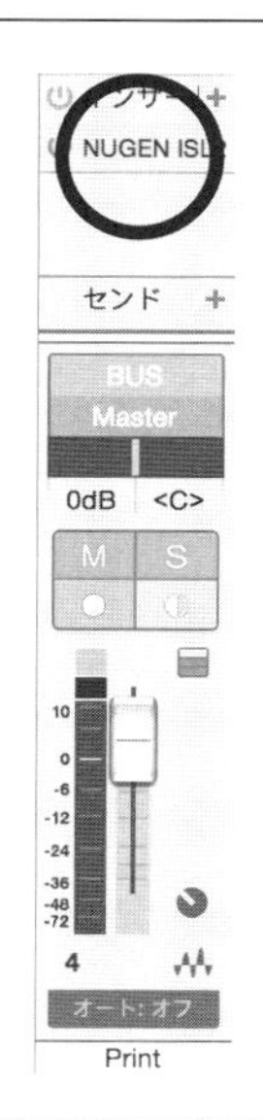

8　一旦ここで終了する場合は、最終マスターを48kHz/24Bitにてプリントします。楽曲のスタートとエンドを整えて（P54コラム参照）、プリントチャンネルの名前をTestFinalMaster2448に変更しつつ録音待機を確認し、再生しながら録音します。

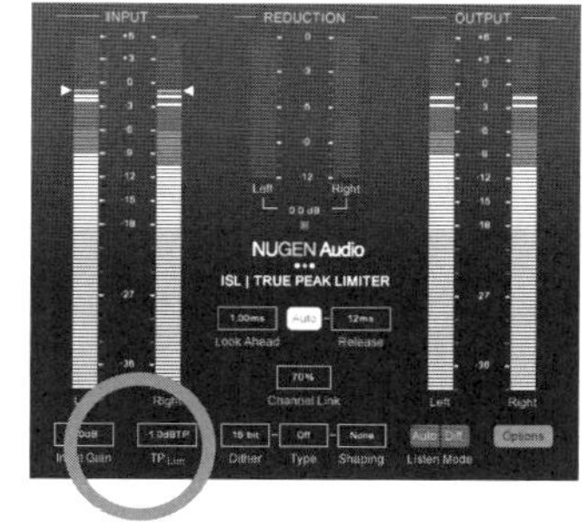

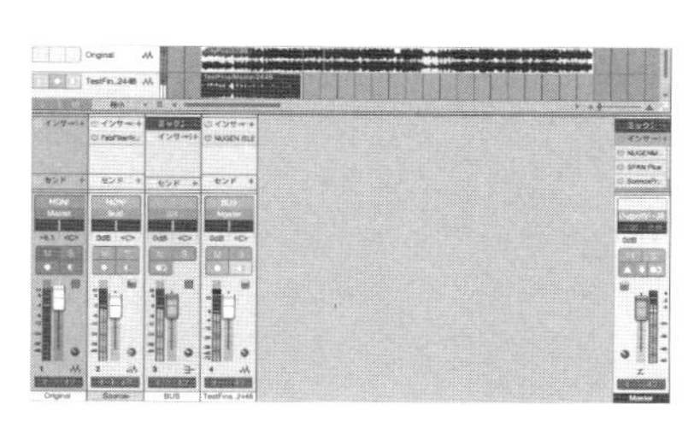

＊ Spotifyは－14LUFSに対し、PLR13以上のダイナミックレンジを持った楽曲に対してリミッターがかかる仕様になっています

スタートとエンドの
ちょっとした工夫

音を整えるだけがマスタリングではありません。楽曲にわずかについているノイズの除去、楽曲のタグ打ち、リネーム、PQシートの出力……じつに多くのことをおこないます。こうしたことを細々と書きはじめると、本書のほかにもう1冊ぶんくらいの説明が必要です。そこで大切なことを1つだけ。スタートとエンドの処理です。スタートはほんの少しだけ余白を作ります。大体300ms。これは曲のBPMや前後の曲のタイプによって変わります。また300msの空白をフェードインで処理しスタートするように仕上げます。

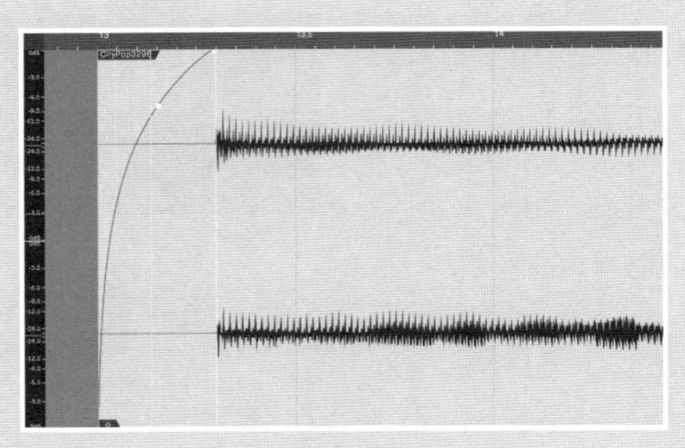

スタートの処理

曲の終わりも同じように曲のノリ、BPMを考えながらフェードアウトで終えます。ただしエンド部分はアーティストの意向もあります。必ずどう処理するのかうかがいましょう。

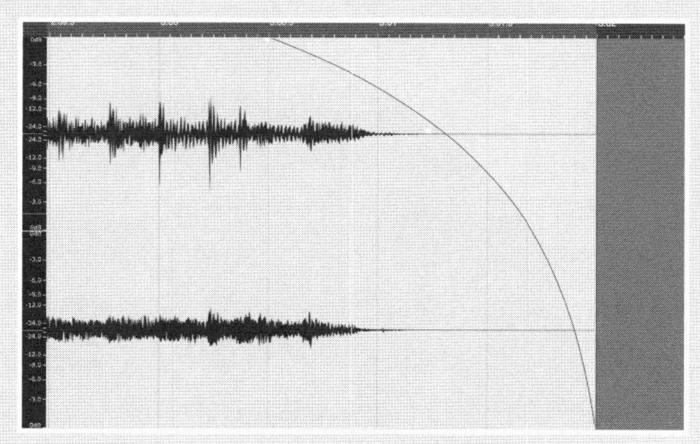

エンドの処理

ラウドネスってなに？

ラウドネスとは、「人の感じる音の大きさ」のこと。

音の大きさを表すのに、音の何を基準として計測するかによって使う指標が変わります。例えばレコーディングではおなじみのピークメーターは、音の監視役。音が数値（dB）として最大になったポイントを測るには最適なのですが、この音大きいな〜と感じる「音の体感」を調べるのは不得意。ピークメーター上では同じ－1dBを指し示しても、1980年代に作られた歌謡曲は音を小さく感じ、2000年代のヒップホップは音を大きく感じたりしますよね。ピークメーターでは表せない「音の体感」、人の感じる音の大きさを測るのに最適なのが「ラウドネス」なのです。

日常よく使われる数値だと、たとえば地震の揺れの強さを表す「震度」も同じようなものかも？　地震に関する数値には、ほかにも「マグニチュード」がありますが、「マグニチュード」は地震そのものの大きさ（規模）を表す数値で、「震度」は、わたしたちがいる場所で感じた揺れの強さのこと。ラウドネスもそれと同じです。

ラウドネスの特徴　1　バラツキの監視

ラウドネスはもともとCMや放送業界で使われている音の指標です。なぜこの業界で使われるようになったのでしょうか。答えは簡単で、各番組やCMごとの音量のバラツキをなくすためです。番組やCMごとに音が大きくなったり小さくなったりすると、視聴者がそのたびにテレビのボリュームを変えなくてはなりません。そうなるとテレビをゆっくりと視聴するわけにはいかなくなりますよね。このボリュームのバラツキをなくすため、放送業界では厳しくラウドネス値を監視しています。もし規定のラウドネス値を超えるCMがあった場合、放送局は放送しません。逆に規定のラウドネス値を守っていればほとんどのCMや番組、音楽も同じ音量で放送されます。しかし、じつは1つだけ例外があるのです。それは「音を大きく」するために音圧を上げて作った音源です。この音源だけはラウドネスの規定値を守っていても音量が「小さく」なってしまいます。

CM制作現場でよくある光景ですが、CM音楽を制作する作家さんががんばってカッコいい曲を仕上げるも、オンエアで音が小さくなることがあります。この原因がマキシマイザーだったりするのです。カッコよく見せるために使用したマキシマイザーでガッツリ音圧を上げたマスターは、映像と合わせる（MAといわれるプロセス）際に音量をガッツリ落とされます。CMや番組は日本の放送基準の－24LKFSというYouTubeよりももっと小さい音量の中で、音楽やサウンドエフェクト、ナレーションまでも含めなければいけません。本来はそれぞれバランスよくまとめるはずが、音圧が高い楽曲はナレーションや効果音をかき消すため、さらに小さくされてしまうのです。

ラウドネスの特徴　2
周波数によって「感じる」音圧レベルが違う

赤ちゃんの泣き声ってすぐに気づきませんか。例えば電車に乗っているとき、どんなに遠くにいても「オギャー」って泣き声を聞くと、どうしたのだろう？大丈夫かな？と心配になってしまいますね。この「オギャー」という泣き声、よほど大きい声かというとじつは、電車の車内の雑音とほぼ同じ。なのにすぐ気づくのは、赤ちゃんの泣き声が人がもっとも反応しやすい周波数帯だからです。人の耳って面白いですね。同じ音量でもよく聞きとれる音と、なかなか聞きとれない音があるのです。

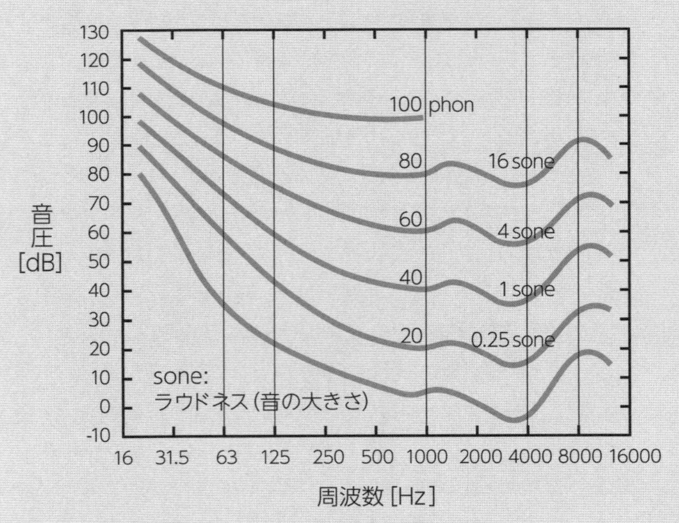

等ラウドネス曲線
（「JPPA 会報」2010 年4 月号掲載のグラフをもとに作成）

このような人間の特性「周波数による聴覚特性」を、ラウドネス測定では2つのフィルターを合成したK特性フィルターというもので補正しています。このフィルター、よく見ると低域では200Hz辺りから音量が下がりはじめ20Hzでは－13dBほど落ちていますね。これは低域がそれだけ聞き取りにくいということ。言い換えれば低域は中域より大きな音量に仕上げないといけないともいえます。逆に中域から高域にかけて600Hz付近から徐々に上がりはじめ4kHzより+4dBで一定になります。これは中域よりも音量を小さく仕上げないといけないともいえます。

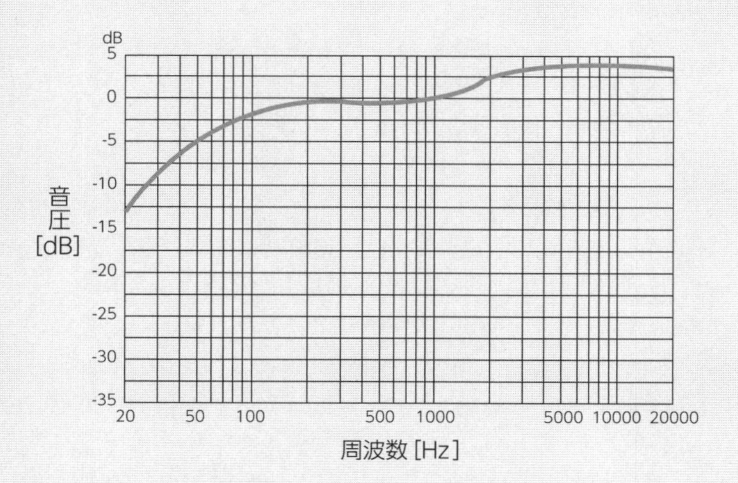

K特性フィルター
(「JPPA 会報」2010 年7 月号掲載のグラフをもとに作成)

配信サービス別のラウドネス値とコーデック

2020年8月現在での配信サービス別のラウドネス値や配信フォーマットの一覧です。サービスによって非公開の場合もあり、確実な数値ではありません。またサービスによっては、数値が変わることもあり、プリント時には各サービスの公表サイトにてチェックしましょう。下記はあくまで参考値です。

●YouTube

ラウドネス値：−13 〜−15LUFS（推奨　−13LUFS）

トゥルーピーク：−1dBTP

コーデック：AAC-LC/128kbps、Opus/160kbpsなど

サンプリングレート：44.1 〜 96kHz（推奨　48kHz）

ビットレート：24bit

※FLACやWAVでの納品。レートは44.1kHzを推奨していますが48kHzが理想。また4K動画をアップロードした場合、音声は高音質に変化するといわれています。

●Spotify

ラウドネス値：−13 〜−15LUFS　（推奨　−14LUFS）

トゥルーピーク：−1dBTP

コーデック：44.1kHzのWAVに変換後、視聴者のオーディオ設定に応じてコーデックが変わる。

Ogg Vorbis/96, 160, 320kbps

AAC/128, 256kbps
HE-AACv2/24kbps
サンプリングレート：44.1 ～ 96kHz
ビットレート：24bit
※ SpotifyはFLACまたはWAVでの納品（推奨はFLAC）。サンプリングレートは48kHzが理想といわれていますが、アグリゲーターによっては16/44kHzのみの納品となる場合もあります。また－14LUFSを超えるときはトゥルーピークを－2dBTP以下で設定。

●Spotify Loud
ラウドネス値：－11LUFS
トゥルーピーク：－2dBTP
※ Spotify Loudではラウドネス値が－11LUFSと上がりますが、トゥルーピーク値は-2dBTPと下がります。

●Apple Music
ラウドネス値：－16(±1)LUFS
トゥルーピーク：－1dBTP
コーデック：AAC/ ～ 256kbps
サンプリングレート：44.1 ～ 192kHz
ビットレート：24bit
※ Mastered for iTunesはハイレゾ音源での納品が可能。なおAppleが配布する無料のマスタリングツールがあります。

●Amazon Music Unlimited

ラウドネス値：－14LUFS

トゥルーピーク：－2dBTP

コーデック：サービスオプションに応じて異なる。

Amazon Music Unlimited：AAC/44.1kHz/256kbps

Amazon Music HD：FLAC/16bit/44.1kHz

Amazon Music Ultra HD：FLAC/24bit/44.1kHz ～ 192kHz

●TIDAL

ラウドネス値：－14LUFS

トゥルーピーク：－1dBTP

コーデック：サービスオプションに応じて異なる。

Master：MQA　最高24bit/352kHz

HiFi：FLAC/1411kbps、16bit/44.1kHz

High：AAC/320kbps

Normal：96kbps（ユーザーの試聴状況による）

●Deezer

ラウドネス値：－15 LUFS

トゥルーピーク：－1dBTP

コーデック：サービスオプションに応じて異なる。

MOBILE FREE・PREMIUM+：mp3/44.1kHz/128kbps ～ 256kbps

DEEZER HIFI：Flac/16bit/44.1kHz

●Instagram

ラウドネス値：－14LUFS

トゥルーピーク：－1dBTP

コーデック：AAC/～48kHz/320kbpsモノorステレオ

※ユーザーによってサンプリングレートやチャンネル数の変更あり。またラウドネス値を高めに設定し、トゥルーピークを－3dBTPを基準とする場合もあります。

●ニコニコ動画

ラウドネス値：－15LKFS/LUFS

コーデック：AAC-LC/48kHz/192kbps

●LINE MUSIC

コーデック：視聴者のオーディオ設定に応じて異なる。

3G/LTE：HE-AAC/64kbps or 192kbps

Wi-Fi：AAC/320kbps

●AWA

コーデック：視聴者のオーディオ設定に応じて異なる。

3G/4G/LTE：HE-AACv2/64kbps、HE-AAC/96kbps、AAC/128kbps

Wi-Fi：AAC/320kbps

●KKBOX

コーデック：WMA/320kbps

●うたパス

コーデック：MP3/128kbps

●Soundcloud

ラウドネス値：－8 ～－13LUFS

トゥルーピーク：－1dBTP

●Apple Podcast

ラウドネス値：－16（±1）LUFS

トゥルーピーク：－1dBTP

ダウンロード配信

●mora

ファイル形式：mp4（AAC）

ビットレート：320kbps

サンプルレート：44.1kHz/16bit

●mora（ハイレゾ版）

ファイル形式：FLAC

サンプルレート：44.1 ～ 192kHz

ビットレート：24bit

●OTOTOY

ファイル形式：WAV/ALAC/FLAC/AAC

サンプルレート：44.1kHz

ビットレート：16bit

●OTOTOY（ハイレゾ版）

ファイル形式：WAV/ALAC/FLAC/AAC

サンプルレート：44.1～192kHz

ビットレート：24bit/32bit

●iTunes Store

ファイル形式：m4a（AAC）

サンプルレート：44.1kHz

ビットレート：256kbps

●e-onkyo music

ファイル形式：FLAC/WAV

サンプルレート：44.1～192kHz

ビットレート：24bit

●Amazon Music

ファイル形式：mp3

サンプルレート：44.1kHz

ビットレート：256kbps

●Amazon Music Prime Music / Amazon Music Free
ファイル形式：AAC
サンプルレート：44.1kHz
ビットレート：256kbps

●music.jp STORE
ファイル形式：mp4 (AAC)
サンプルレート：44.1kHz
ビットレート：320kbps

●music.jp STORE ハイレゾ版
ファイル形式：FLAC
サンプルレート：44.1 ～ 192kHz

●レコチョク
ファイル形式：mp4 (AAC)
サンプルレート：44.1kHz/48kHz
ビットレート：320kbps

●レコチョク ハイレゾ版
ファイル形式：FLAC
サンプルレート：44.1 ～ 192kHz
ビットレート：24bit

●オリコンミュージックストア
コーデック：mp4 (AAC)

サンプルレート：44.1kHz、48kHz
ビットレート：128kbps、320kbps

放送、ゲーム、CD

●Netflix
ラウドネス値(ダイアログ)：−27LUFS
トゥルーピーク：−2dBTP
サンプリングレート：48kHz
ビットレート：24bit

●ARIB TR-B32
ラウドネス値：−24LKFS
トゥルーピーク：−1dBTP

●ASWG-R001 HOME
ラウドネス値：−24（±2）LKFS
トゥルーピーク：−1dBTP

●CD
トゥルーピーク：−0.1dBTP
サンプリングレート：44.1kHz
ビットレート：16bit

ラウドネスメーター、まずはこの6つ

VUメーターやピークメーターと違い、ラウドネスメーターには多くの数値やバーグラフ、グラフィカルなスペクトラム表示などがあり、まるでコックピットにいるみたいですね。もちろんすべて大切ですが、配信用のマスタリングでは、まず次の6つを覚えてください。

●Momentary Loudness（モメンタリーラウドネス）

リアルタイムで調整するにはこのモメンタリーと次のショートタームの作動を見ます。モメンタリーメーターの反応速度は400msとVUメーターの動きに非常に近い設定のため、作業中の指針としては最適です。

●Short Term Loudness（ショートタームラウドネス）

ショートタームは3秒単位でラウドネス値を表示しますので、作業中の確認用として使います。ただし映画館の音響などではインテグレーテッドでの数値とともにショートターム値も要求される場合があります。

●Integrated Loudness / Long Term Loudness（インテグレーテッドラウドネス / ロングタームラウドネス）

YouTubeやSpotifyなどのストリーミングサービスで求められる値（ターゲットラウドネス）がこれ。音量の瞬間の値ではな

く、平均値を示しています。そのためインテグレーテッドを測るには、楽曲のスタートからエンドまでのトータルを測定し、楽曲全体の平均値を求めます。計測方法は、ラウドネスメーター上の再生ボタンを押して楽曲を再生するだけ。またリセットボタンは再度計測するときに使います。

モメンタリーとショートタームでザックリと確認しつつ、全体像をインテグレーテッドで計測する使い方がいいでしょう。

●Loudness Range / LRA(ラウドネスレンジ)

LRAとはラウドネス基準でのダイナミックレンジといえばわかりやすいかもしれないですね。正確には音源全体のラウドネスの大小の差を示します。ただし推奨されるLRA値はジャンルや環境によって変わるので、この数値だからよいという判断ではありません。例えばうるさい環境では低いLRA値が、映画館など静かで大きなスピーカーなら大きいLRA値というように基準も変わります。

●True Peak (トゥルーピーク)

ステップ7でもお伝えしたとおり視聴時のオーバーロード防止のためトゥルーピークをしっかり監視しなければいけません。トゥルーピークの単位はdBTP。ストリーミングサービスによっては最大値が異なりますのでこの点も注意しならがら管理していきます。

●Peak to Loudness Ratio / PLR
(ピークトゥーラウドネスレシオ)

トゥルーピークからラウドネス値(Long Term)の差分を指し示すため、楽曲中のダイナミックレンジを確認するには最適です。配信サービスではPLR12がバランスがよいといわれています。この数値が小さくなり8～4になると、いわゆる「海苔波形」という音圧が高めの楽曲になります。またPLRに対しPSRというトゥルーピークからショートタームのラウドネス値（Short Term）の差分を示すものもあります。PLRが楽曲中の平均値を示す一方、PSRはよりリアルタイムな値になります。

配信用マスタリングでは、配信時の最適な音量のスイートスポットを探るため、まずはトゥルーピークでキッチリとレベルを抑え、楽曲の音量の平均値であるインテグレーテッドラウドネスを調整後、PLRにてダイナミックレンジをコントロールします。

マスタリング時の各数値の目安は次のようになります。

トゥルーピーク：－1dBTP
ラウドネス値：－14LUFS
PLR：12～8

また心拍計のようにスペクトラム表示するモメンタリーヒストリーグラフが付属するものもありますが、このグラフはミックスやMA、ポストプロダクションなどで活用します。

第2章

ヨコのラインで整える

ヨコのラインとは「周波数」のこと。1章では全体の音量の調節をおこないましたが、2章では楽曲を低域や中域、高域など周波数帯ごとに分けながら、より細かい音量の調節をおこないます。例えばベース音が大きい場合は低域だけをカットしたり、配信では敏感になりがちな高域を処理したりと周波数帯ごとに細かく調整しますが、それぞれの帯域やアプローチによって使用するプラグインは変わります。

基本のルーティーンを知る

この章ではEQ、ディエッサー、マルチバンドコンプレッサーというプラグインを使いながら、帯域ごとのアプローチとテクニックを紹介します。もちろん楽曲ごとに調整するポイントは変わるのですが、ここでは配信というパッケージでしっかり映えるための基本のルーティーンを紹介します。

10 配信用マスタリングは「ボーカル」と「コーデック」を意識する

この章では**ヨコのライン＝周波数を、5種類のエフェクターで調整します**。具体的にはEQやディエッサー、マルチバンドコンプレッサー、そして周波数帯域をチェックするためのスペクトラムアナライザー。それぞれの作動やアプローチは異なりますが、1章で解説したエフェクターと同じように、配信というパッケージに合わせて音量を調整するという機能には変わりません。大きな違いは、楽曲を周波数帯域に分けて個別に音量を補正できることです。それともう1つ、タテのラインではラウドネス値を目安に音量調整をおこないましたが、ヨコのラインで目指すのは、**「ボーカルをしっかり聞かせる」ように調整する**ことにつきます。

ストリーミングサービスでTOP40にランクするようなヒットしている楽曲を聞くと、いくつか特徴的な共通点が見つかります。特にボーカルがしっかりと前面に出ながら歯切れがよく締まった感じ。これは2010～2020年代の特徴ともいえますね。そのようにボーカルが位置する中域をしっかり聞かせるように調整することは、ストリーミングサービスの基準であるラウドネス基準にとてもマッチしたやり方なのです。本来はこのラウドネスという特性を十分に理解しながらマスタリングをおこなうのが最良なのですが、本書の目的は、**とりあえず最短で、配信映えする音を、誰でも作れるようになることです**。なので、ラウドネスレベル曲線やスペクトルマスキングなどなど、ここでは説明を省きます。

まずは、**ボーカル＝中域をしっかり整えること**、です。

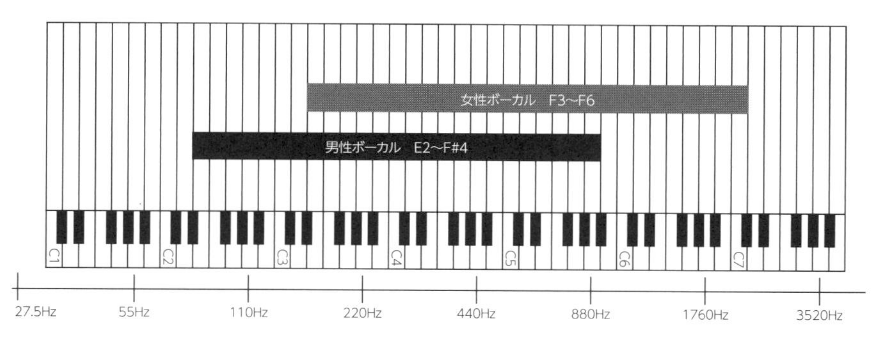

男性と女性ボーカルの帯域（「Carnegie Hall Chart」をもとに作成）

「コーデック」による音質変

さらにヨコのラインでは「コーデック」を意識しながら調整をおこないます。コーデックとは、ストリーミングサービスやスマートフォン、パソコンなどで楽曲を手軽に扱えるように「圧縮して変換すること」です。例えば楽曲のデータ量が小さければ、スマートフォンでもたくさんの楽曲を保存でき、配信時もスムーズに楽曲を送り届けることができます。そのため配信サービスは手軽に扱えるようにオリジナルの楽曲を、mp3やAACまたはFLACなどに圧縮して変換（コーデック）します。ただしこのコーデック、手軽に扱えるぶん、圧縮すればするほど音質が変化して、予期せぬノイズが現れたり、ハイ落ちして高域が聞こえなくなったり、音が部分的に消えたりします。もちろんここまで極端な圧縮を配信サービスはしませんが、各コーデック特有の音質変化は必ず起こります。配信用マスタリングでは上記の4つのエフェクターに加えて、コーデックによる音質の変化をリアルタイムに確認するためのプラグインも使用します。

さあこれから多くのプラグインを使ってファイナルマスターを作りますが、常にボーカルをしっかり聞かせるという目標を意識してください。もちろんボーカルがない楽曲でも、ボーカルが本来ある中域をしっかり聞かせることがポイントとなります。

ポイント

- 配信ではボーカル＝中域に注目
- コーデックによる音質変化を意識する

11 5つのプラグインをセットアップ

まずは5つのプラグインの用途から解説します。

EQ

2タイプのEQを異なった目的で使用します。1番目にセットする前段のEQは主に「カット」をおこないます。例えばボーカルを曇らせる箇所など、周波数上の不必要なポイントを調整します。2番目にセットする後段のEQは「味つけ」。前段のEQでおこなった処理を補うためのバランス調整や、配信時に埋もれがちな帯域を持ち上げます。

前段EQ

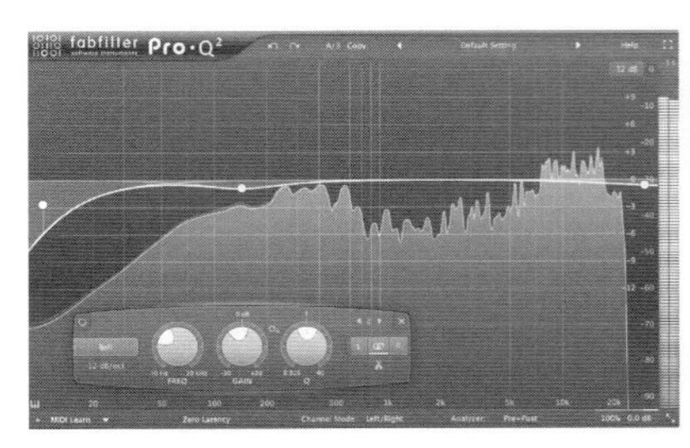
FabFilter Pro-Q2

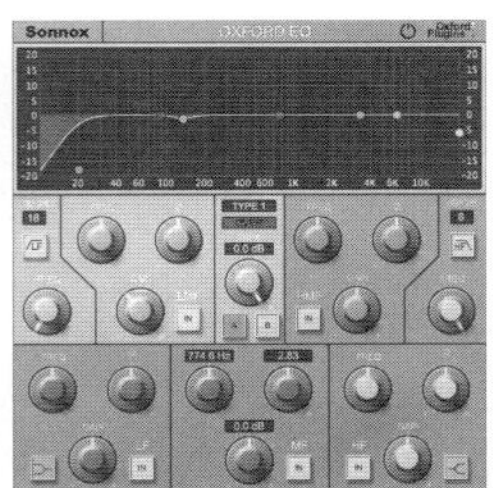
Sonnox Oxford EQ

後段EQ

UAD Pultec EQP-1A

UAD Manley Massive Passive EQ

ディエッサー

ボーカルのサ行の音やハイハットのトップの音など、高域となる耳障りな音を処理するプラグインです。作動はコンプレッサーと同じですが、高域の特定帯域だけをピンポイントで抑えることができます。また、配信時に目立ちやすくなる高域の処理もおこないます。

UAD De-Esser

FabFilter Pro-DS

マルチバンドコンプレッサー

高域や中域、低域など特定の帯域を個別に扱えるコンプレッサーで、ディエッサーのようにピンポイントの調整が可能です。1度に処理できる帯域も3～6バンドとかなり複雑に使用できますが、1～2バンド程度を使用します。

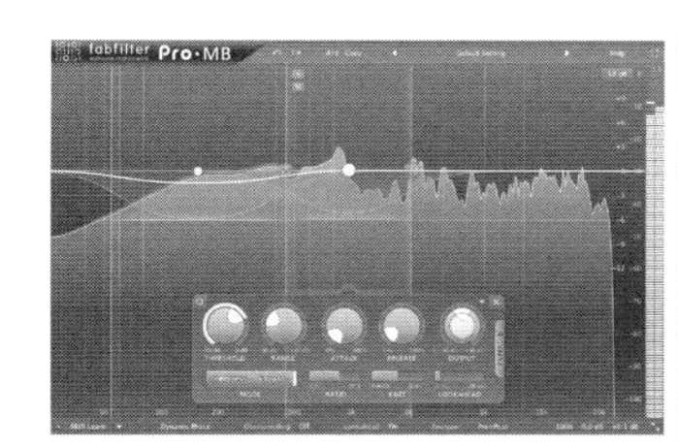

FabFilter Pro-MB

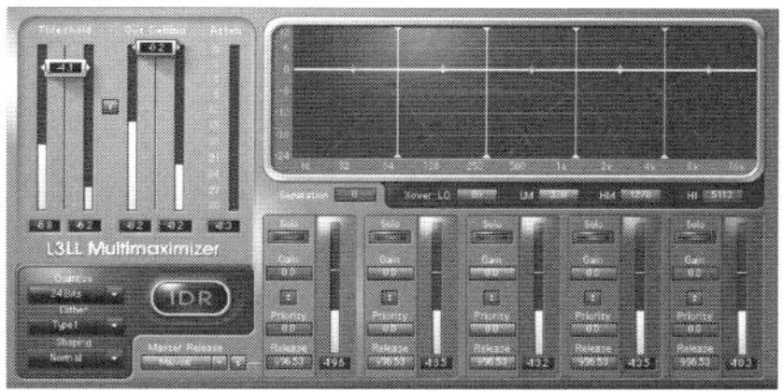

WAVES L3-LL Multimaximizer

スペクトラムアナライザー

EQやディエッサーなどのプラグインを使う場合、正確にどの周波数帯を調整し、どれだけ変化したかを確認します。そのときに使うメーターがスペクトラムアナライザー。DAWには標準で付属していることが多いです。

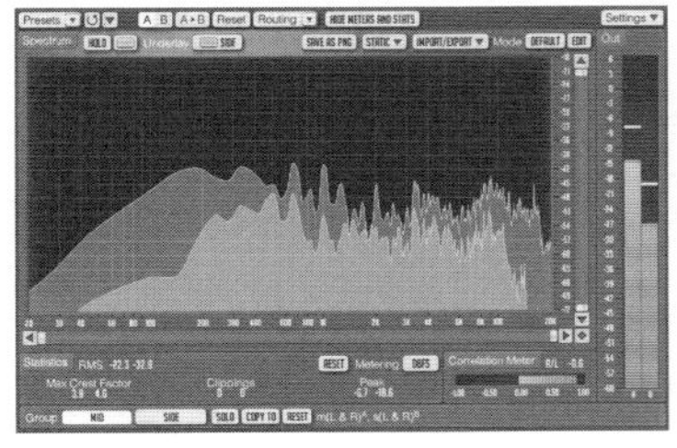

Voxengo SPAN

WAVES PAZ Analyzer

コーデック確認プラグイン

配信サービスが用いているコーデックをリアルタイムに確認するためのプラグイン。ファイナルマスターと配信時の音質を比べながらコーデックで失われる音域を確認しながら補正調整します。

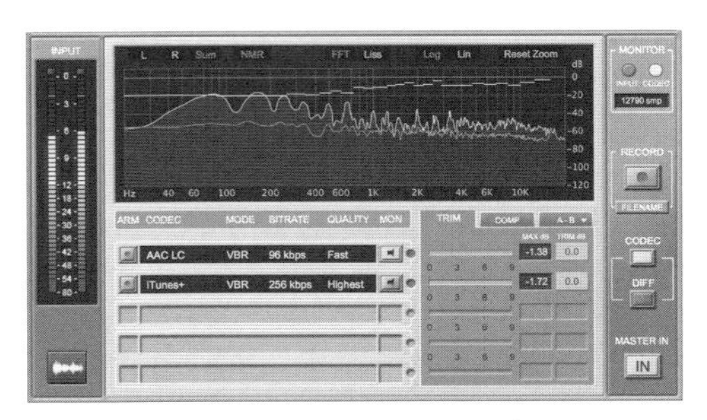

Sonnox Fraunhofer Pro-Codec

ポイント

- EQは2種類を使い分ける
- ディエッサーはボーカルだけでなく高域の処理もおこなう
- マルチバンドコンプレッサーは1～2バンドを使用する
- スペクトラムアナライザーで確認しつつヨコのラインを調整
- コーデック確認プラグインで配信時の音質をチェック

12 EQの種類と使い方

マスタリングでもっとも多用するEQ

EQは周波数帯域の音量をピンポイントで持ち上げたり（ブースト）、減らしたり（カット）、またはフィルターで低域や高域をバッサリとカットしながら理想の音に近づけていきますが、このEQには大きく3つのタイプがあります。

フィルター EQ

パラメトリックEQに付属するローパスフィルターやハイパスフィルターは、楽曲の可聴域外をカットするとても大切な役割を担っています。ハイパスフィルターは名前の通りハイ（高域）をパス（通過）させるフィルターで、低域をカットします。

操作はフィルタースロープでフィルターのかかり具合を、またフィルターの作動がはじまる周波数ポイントを設定します。フィルタースロープの単位はdB/oct。1オクターブあたり何dB減衰するかを示し、12dB/octから18dB/octと数字が大きくなればフィルターの角度が急になり効果が強くなります。

フィルターには周波数ポイントを大きく変更できるものもありますが、マスタリングでは可聴域の20Hz ～ 20kHz内を大きくカットすることはありません。

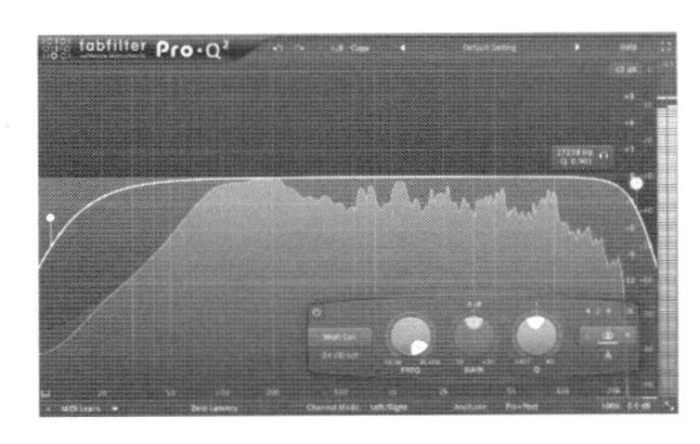

FabFilter Pro-Q2

UAD Manley Massive Passive EQ

グラフィックEQ

周波数帯が固定された数多くのスライダーが横一列に並んだEQで、スライダーごとに音量を個別にブースト、カットしながら使います。またスライダーの横の並びがグラフィカルに周波数帯を表しているので、音量の変化量が一目でわかります。そのためコンサートホールやライブ会場での音場補正などで用いられます。

アメリカの伝説的なカッティングエンジニアで、グラフィックEQを多用しながら独自の音像を作り上げた方もいますが、特殊な場合を除いて、マスタリングではグラフィックEQは使用しません。

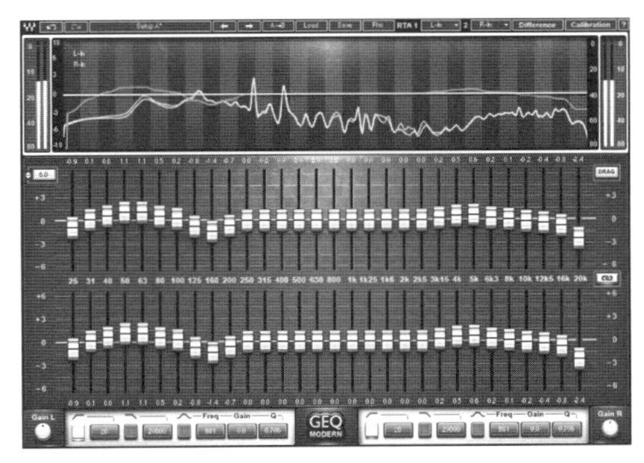

WAVES GEQ Graphic Equalizer

パラメトリックEQ

レコーディングやミックス、マスタリングで使われるのがこのEQ。周波数帯が固定されたグラフィックEQに対して、1つのバンドに周波数（Frequency）、周波数帯域幅（QまたはBandwidth）、そして音量の増減（Gain）の3つの可変するコントローラーを使って音を整えます。またQにはベルカーブ型やシェルピング型などのタイプがあります。

パラメトリックEQで操作する周波数バンドは3～7つと少ないですが、グラフィックEQでは調整できない周波数帯までフルコントロールできるのが特徴です。またグラフィックEQがサウンド全体から音響空間を作るのに対し、パラメトリックEQは低音や高音など個別の周波数帯を調整しながらサウンド全体を仕上げていきます。

IK Multimedia Master EQ 432

FabFilter Pro-Q2

実際にピアノの部屋鳴りの抑え方を例に、パラメトリックEQの各パラメーターの使い方を説明します。

ピアノの部屋鳴りがおこる周波数帯は大体100～200Hz辺りですから、まずFrequencyパラメーターで周波数を150Hz辺りにセットします。次にQまたはBandwidthというパラメーターでEQの効く幅を決めますが、ピアノの部屋鳴り音はそれほど広い帯域幅を持っていないのでやや狭めにセットします。最後はGainパラメーターで音量を決めますが、この場合は部屋鳴りを取り除く目的で－3dBほどカット。まだ低いところで部屋鳴りがおこっているならFrequencyパラメーターを少

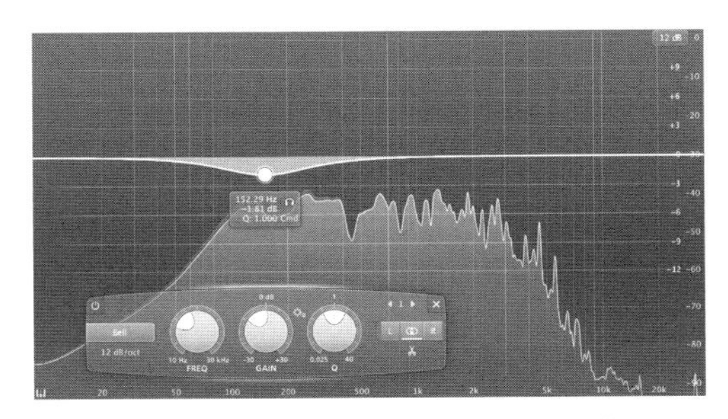

FabFilter Pro-Q2にて152Hz辺りをカット。

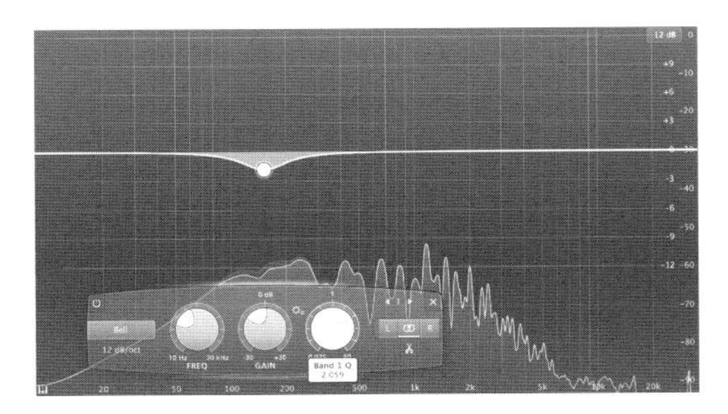

Q値を狭めます。

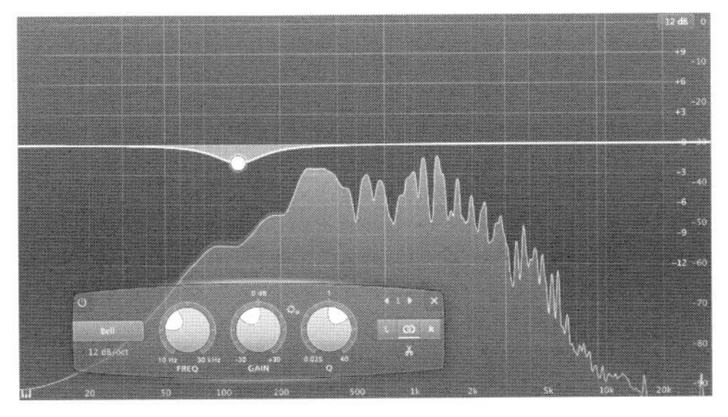

音を確認しながら120Hzにポイントを変更。

し下げて120Hz辺りにセットします。周波数帯が決まり部屋鳴りがなくなった反面、オリジナルのピアノ音がちょっと変わったかなと感じたら、Qの値をやや広めます。これで部屋鳴りがおこっていた120Hzを抑え、スッキリしたピアノ音に整えることができました。

パラメトリックEQはこの作業の繰り返し。またEQは低音の処理からはじめ、徐々に高い周波数へと上がっていき、最後に高域を処理する、という順番でおこないます。

ポイント

- マスタリングではパラメトリックEQを使用する
- パラメトリックEQは1バンドにつき、Frequency、Q、Gainの3つのパラメーターで調整
- EQは低音から徐々に高い周波数へと処理する

13 カットしながら低域を整える 前段EQ編

前段EQにはクリーントーンを選び調整する

マスタリングスタジオで使われる、SontecやGML、MASELECなどマスタリング専用のEQには共通するポイントがいくつかあります。1つはクリーントーンで余計な味つけが一切ないこと。これからEQで必要のない箇所を取り除くのに、変な味つけがあっては困りますよね。それに加えて、音量の変化幅が少なく、可変できるdBの幅が±6dBなど、とても狭くなっているのです。その代わり可変幅が細かく調整できるようになっているのもポイント。0.5dBごとに操作できたりと、レコーディングで扱うEQよりも微調整が可能です。

Sontec MES-434D/M12（VINTAGE KING AUDIO所有）

プラグインのEQではGainの調整を幅広くできるものもありますが、マスタリングスタジオのEQを見習い、音量の可変幅を最大±3dBまでとしてください。もしこれ以上の調整が必要となる場合、それは調整しようとする周波数帯が間違っているのかもしれません。

使い方のポイント

低域は2つのポイントから整えます。はじめはスマホやPCの内蔵スピーカーでは再生できないような低域を思い切ってカットします。次は低域にたまりやすい周波数帯をカットして楽曲全体をスッキリさせます。目指すは、不必要な箇所をカットして「**映える低音**」を作ること。

1　フィルターを使って20 ～ 30Hz以下をカット

EQの低音部分をハイパスフィルターに切り替え、20 ～ 30Hz以下の低域をカットします。バンド幅は－12dB/octや－18dB/octなどゆるやかなカーブを選択してください。この部分は聞くというより体で感じる領域になります。

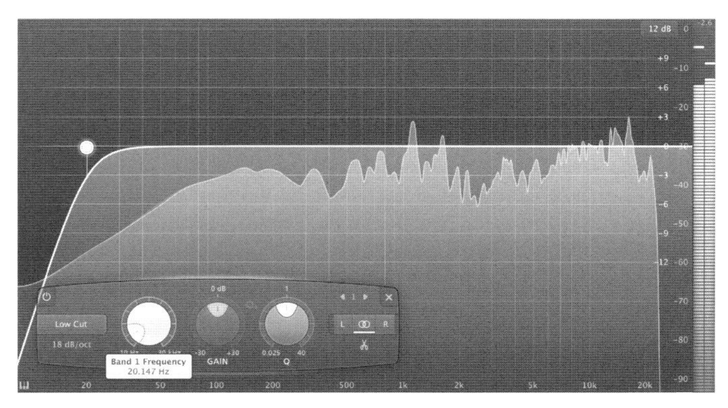

FabFilter Pro-Q2のフィルターを使って
低域20.147Hzを18dB/octにてローカット。

2　ベルカーブモードで120 ～ 140Hzをカット

曲をタイトにし、映える低音を作るには120 ～ 140Hzをカットします。マスターソース全体をスペアナで見ると、一番高い位置に来ているのが80 ～ 100Hz辺り。曲の芯に当たるこの部分には、キックやベースなどの重要な音域が集まっていますが、周辺の帯域ではブーミーで不必要な音もたくさんたまっています。特にこの120 ～ 140Hzは楽器の反響成分をはじめ、音を詰まらせる要素が集まる場所なので思い切ってカットします。

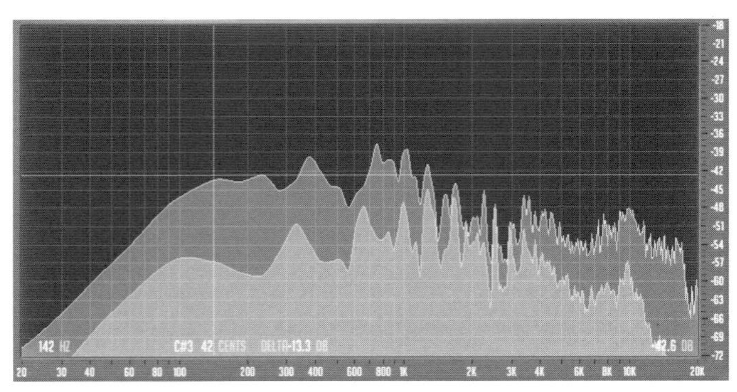

スペアナで確認すると142Hzに低音がたまっているため、
このポイントをカットする。

セッティングはベルカーブモードでQを細めにし、周波数ポイントを決めた後にQを徐々に広く調整しながらカットします。これでキックの芯がクッキリと浮かび上がり、膨らみがちな低音がスッリキしました。

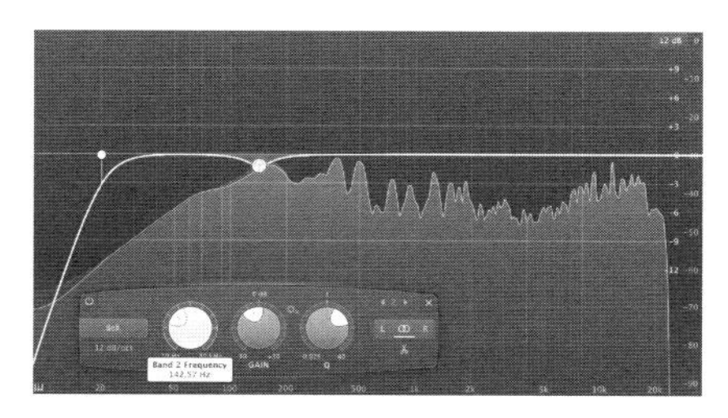

140Hzを中心に幅の狭いQ値でカット。

次はさらに映える低音を作るため、ブーストさせるEQの使い方をお話しします。

ポイント

- マスタリングではパラメトリックEQを使用する
- パラメトリックEQは1バンドにつき、Frequency、Q、Gainの3つのパラメーターで調整
- EQは低音から徐々に高い周波数へと処理する

◆Sontec MESシリーズ

マスタリング用のEQといえばSontec MES-432C。オーナー兼エンジニアのBurgess氏が作り出すEQは、有名マスタリングスタジオには必ずといっていいほど設置されています。3バンドのEQとハイパスフィルター、ローパスフィルターといたって標準的な構成ですが、ほかのEQが、軟弱に感じるほど「ガッチリ」効きます。そのため外科手術のように細やかにカットするには最適。一時期は販売が止まっていましたが、現在は受注生産が復活。ただしスタート価格が$9,500からで細かくバージョンが異なり、最高峰のMES-434D/M6はアナログレコードカッティング用の4ch仕様で価格は$13,000から。日本にも数台しかありません。

14 アップしながら低域のバランス調整　後段EQ編

ボーカルと喧嘩しない「映える低音」を作る

EQってブーストすると楽曲がカッコよく聞こえるんですよね。特に真空管系のEQなんて、ちょっと高音をブーストしただけでボーカルがきらびやかに聞こえたりするもんですから、どんどん足していくことになりがち。さらにボーカルが小さいから中域を上げて、ベースはもっと聞こえた方がカッコいいな、ハイハットのアタックを大きくしよう、なんてことになると結局**全体のボリュームを上げただけ**になってしまいます。

マスタリングでEQを使うならカットが基本ですが、大切なところではしっかりブーストして強調します。例えば前段EQでのバランス補正。カットして失われた帯域を補正するため、カットした周辺やその帯域に関係の深い倍音部分をブーストしながら全体のバランスを整えます。

ステップ13で低域の20～30Hzをフィルターで、120～140Hzをピーキングでカットしたことで、配信用マスタリングに最適な低域になっていますが、トラックダウンマスターより若干低域が痩せた感じがあります。この痩せた感じを真空管タイプのEQで補正します。

真空管タイプのEQをセット

後段で真空管タイプのEQを使うのは、持ち上げたい帯域とともに倍音も豊富に付加するので薄く補正するには最適だからです。ここではPultecやManleyなどの真空管タイプのEQを使います。

周波数ポイント

Pultecタイプ

Low FrequencyパートのCPSを20にセットし、Boostを最高3dBを目処にブーストさせます。

UAD Pultec EQP-1Aにて60Hzを1.8dBほどブースト。

Manley Massive Passiveタイプ

ベルカーブタイプを選び60 ~ 80Hzを最高3dBを目処にブーストさせます。

UAD Manley Massive Passive EQにて60Hzを2dBブースト。

トラックダウンマスターと比較

必要以上にブーストしてしまうことを阻止するため、ブーストする場合は必ず処理する前のトラックダウンマスターと聞き比べながら少しずつ変化させ、ちょうどいいポイントを探ります。また必ずボーカルとのバランスや音量差も気をつけること。低域だけ意識してブーストすると、いつの間にかボーカルより前に出ていることもあります。

もしブーストする周波数ポイントがうまく決まらない場合、一旦シェルピングモードで350Hz辺りを4dBほどザックリとカットし低域を減らします。その後、60、70、80とブーストポイントを変化させると見つけやすいです。ポイント決定後、先ほどのシェルピングをオフにします。

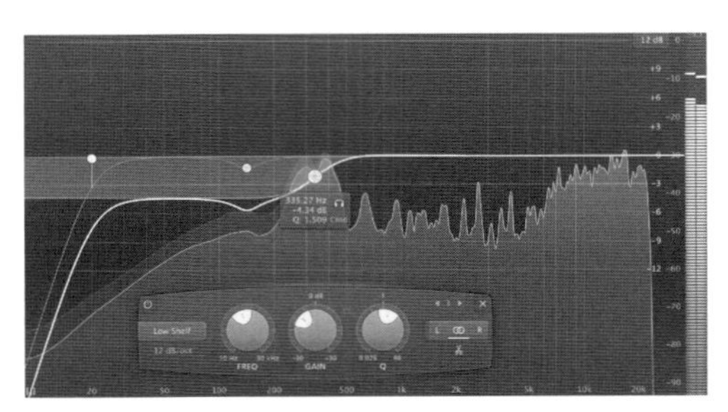

シェルピングモードで335.27Hz辺りを4.34dBカット。

④全体の音量の再調整

EQをブーストすると全体の音量も大きくなることがあります。そんなときは必ずプラグインのアウトボリュームを下げ、処理する前と同じ音量に戻します。特にPultecタイプのEQは処理しなくても音量が上がるようになっていますので注意しましょう。

⑤シェルピングタイプEQで低域をUP

ベルカーブEQで60～80Hzをブーストしても低域、とくにサブベースといわれる超低域がまだ薄く感じる場合、シェルピングタイプEQで120Hz辺りから1～2dBくらいをブーストします。このときはベルカーブEQもシェルピングタイプEQも同じようにブーストしないよう、片方をブーストしたら、もう片方をカットしつつバランスを調整します。

UAD Manley Massive Passive EQにて120Hzを2dBブースト。

ポイント

- 低域の痩せ解消には60～80Hzをブースト
- トラックダウンマスターと比較しながらブースト
- ブースト後にはアウトボリュームで調整

15 高域はボーカルの抜け感を意識する

高域をシェルピングEQでほんのりブースト

楽曲全体を明るくし、同時にボーカルの抜け感を作るためシェルピングタイプのEQを用いて高域を1～2dbほどブーストしながら楽曲にエアー感を足す方法を解説します。

ターゲットとなる16kHz辺りには楽器本来の音はありませんが、それらを構成する倍音成分がたっぷりと含まれています。ここをちょっとだけブーストすると、楽器やボーカルの輪郭が出てきたり、楽曲全体に抜け感が生まれ、細やかなニュアンスが醸し出されます(これをエンハンス効果といいます)。

20kHz、18kHz、16kHzと高めの周波数からチェックをはじめて徐々に下げていきます。全体的な高域が出てきたな、と思ったところのチョットだけ前のポイントを選ぶのがよいでしょう。このときもトラックダウンマスターと聞き比べながら少しずつ変化させ、ちょうどいいポイントを探ります。

Manley Massive Passive、Dangerous BAX

シェルピングタイプを選び16Hzを最高3dBを目処にブーストさせます。

UAD Manley Massive Passive EQを使い18kHzをシェルピングモードにて1.5dBブースト。

UAD Dangerous BAXを使い18kHzをシェルピング
モードにて1.5dBブースト。

FabFiler

シェルピングタイプを選び20kHzからはじめる。

Sonnox Oxford EQを使って15kHzをシェルピング
モードにて1.83dBブースト。

最後は音量レベルの再調整。トラックダウンファイルと同じ音量に合わせるために、EQプラグインのアウトプットレベルを使って調整します。

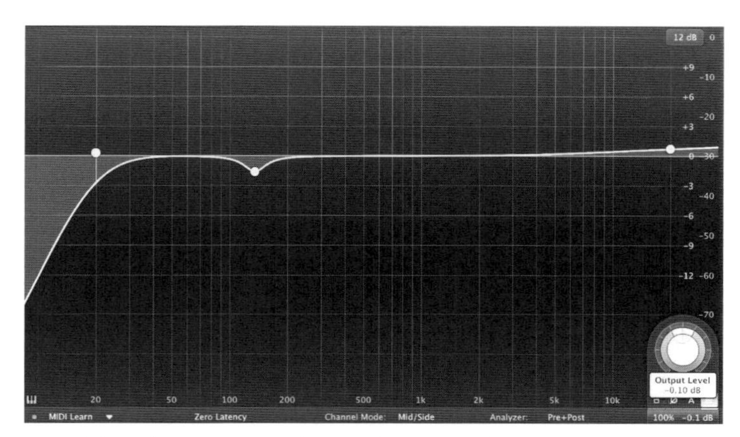

高域をブーストした音量が若干上がったぶん、ボリュームを落とす。

高域の調整はEQだけではありません。次はディエッサーを使って高域の耳障りな箇所を取り除く方法を解説します。

ポイント

・高域をシェルピングで1～2dBブースト

・高域が出てきたちょっと手前(16kHz)辺りを選ぶ

・アウトプットレベルを調整

◆ディエッサーの名機

コンプレッサーにも数多くの名機があるのと同じように、ディエッサーにも多くの名機があります。じつはディエッサーはボーカルを調整するだけでなく、アナログレコードをカッティングするときにアクセラレーションリミッターといって、高域をリミッティングするために用います。そのため新旧多くのハードウェアがあるのです。ビンテージなものではNeumann BSB74やOrtofon STL732など、最近のものではWeiss ds1-mk3やMaselec MDS-2などなど。

またボーカルを処理するためのディエッサーの名機といえばダフトパンクも好んで使うというDBX902。細かくセッティングしなくとも、通しただけで思いどおりの音に仕上げてくれます。DBX902はいくつかのバージョンがあり、それぞれ音がまったく異なります。特に前期モデルはICではなくdbxオリジナルのVCA（またこれも金色や銀色など数種類あります）が使われており、気持ちのいいボーカルに仕上げてくれます。

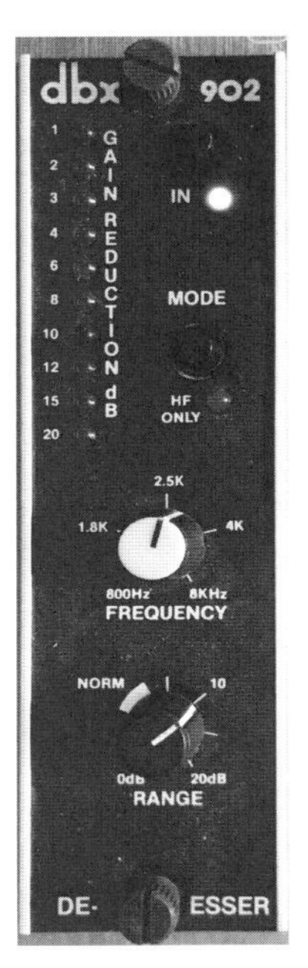

DBX902

16 配信映えする高域はディエッサーで

まずはディエッサーを使って以下のセッティングを試してみてください。できれば女性ボーカルトラックで試してみると、その効果がよくわかります。

Frequency：6kHz
Width：Hipass
Threshold：－50dB

Thresholdが－40と最大になっている。
それにともないレベルメーターも－10dBまで振れている。

Thresholdが適正な値。
レベルメーターもほどよい揺れ具合。

高域の音量がやや小さくなり、中域がはっきりと聞こえますね。ひょっとすると高域がなくなり、こもった音になっているかもしれません。このセッティング、じつはディエッサーを強めにかけています。次は再生音を聞きながら、Thresholdの値を少しずつ落としていきましょう。そのとき注意するのがボーカルのサ行です。歯擦(しさつ)音の耳障りで不快な感じが強くなりはじめたらストップ、このポイントから微調整をおこないます。ディエッサーのレベルメーターを確認し、レベルに対し半分ぐらいディエッサーがかかっている状態が理想です。

コンプレッサーでも使うThresholdという値がディエッサーにもありますね。じつはディエッサーはコンプレッサーの仲間。ともに音の強弱を整えるために使いますが、コンプレッサーが周波数全体に作用するのに対し、ディエッサーは高域の一部分、スパイクのように突発的に出てくるボーカルのサ行や歯擦音やハイハットのトップ音など耳障りな響きを抑えます。またマスタリングではこの響きを抑えつつも、高域専用のリミッターとしてボーカルを含めた高域全体の音量を抑えるためにも使ったりします。

高域を処理するのは、ラウドネス基準のため

ストリーミングサービスで用いられるラウドネス基準では高域が敏感にキャッチされます。そのためクラブで映えるようなドンシャリといわれるハイ上がりのサウンドは、通常の楽曲よりも音量が小さくなる場合があります。そのためディエッサーを使ってしっかりと高域の処理をおこないます。

ポイント

- **配信マスタリングでは高域をしっかりとリミッティングする**
- **ディエッサーの処理するポイントは6 ~ 10kHz**

17 マルチバンドコンプレッサーは必要なところだけ使う

マルチバンドコンプレッサーは調整するパラメーターがたくさんあるので複雑そうですが、基本操作はコンプレッサーと同じです。違いは周波数ごとの区分。低域や中域、高域の3バンド固定のものから8バンドで細かく設定できるものなどあり、それぞれ帯域別にコンプレスやエキスパンドします。最初はすべての帯域を使うのではなく、低域や中域だけを使い、慣れはじめたら徐々に使う帯域を増やすのがいいでしょう。プロの現場でもすべての帯域を使うことはあまりありません。

ここでは低域の処理と中域のボーカル処理をおこないます。使用するプラグインはFabfilter。

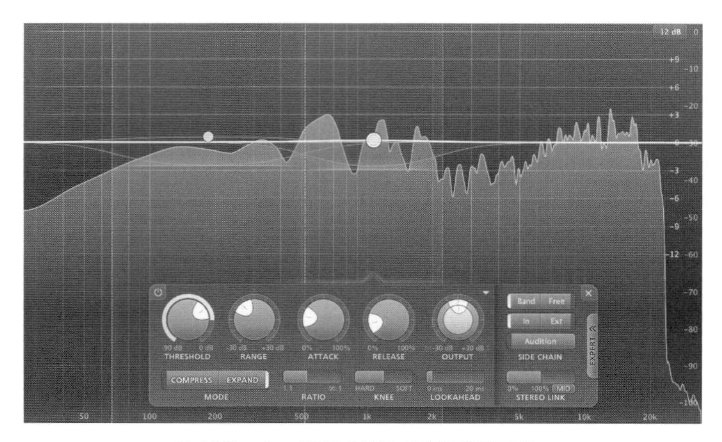

Fabfilter Pro-MBで低域と中域を処理する。

・低域のコンプレッション

低域のコンプレッションの目的は低音のトップ部分を叩きながらアタック感をつけ、ちょっとだけ重心を上げことです。

・中域のエキスパンド

ボーカルやスネアを際立たせ、楽曲全体にメリハリをつけます。

ポイント

- マルチバンドコンプレッサーは少ないバンド数からはじめる
- 中域をエキスパンドすると曲全体のメリハリがつく

18 仕上げのローパスフィルター

可聴帯域外のノイズをカットする

2章最後の仕上げはローパスフィルターでハイエンドをカットします。その目的はノイズリダクションです。ノイズって人が気づかないところにちょいちょい顔を出して悪さをします。例えばボーカルを録音するのに自宅の部屋は静かだからと、いざ録音してみると低域にタップリとノイズが入っていたり。この場合はアナライザーを見ればすぐにノイズとわかるのですが、問題は高域。それも超音波や可聴帯域外になると視覚でチェックするのも難しく、でもほうっておくと悪さをするのです。

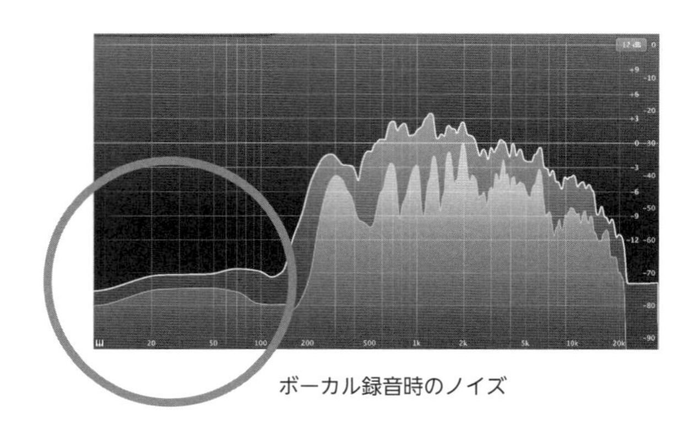

ボーカル録音時のノイズ

パソコンやルーター、エアコンなどじつは可聴帯域外のずっと高いところでじゃんじゃんノイズを発生させています。このノイズ、困ったもので録音やトラックダウン時にたまに飛び込んできたりするのです。これをそのまま配信用に変換すると変換時にノイズとして現れたり、オーディオ経路に過負荷を与える場合があります。こんなオーバーロードを回避するためにも最後の仕上げにはローパスフィルターをかけます。

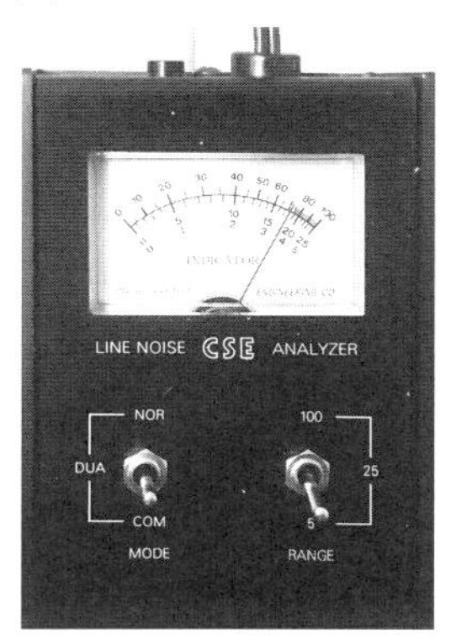

CSEでノイズ音量を検出。高周波でノイズが出ている。

　使用するEQはFabFilterなど可聴帯域外の操作ができるものを選びます。ターゲットは24kHz～27kHz。ここでは18octや20octのカーブを選びます。

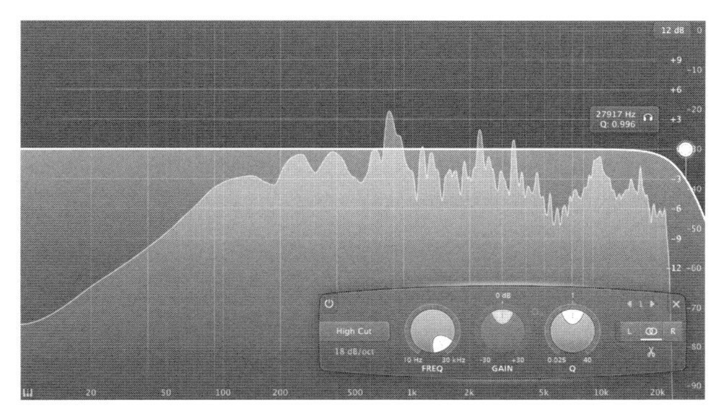

FabFilter Pro-Q2のフィルターを使って
高域27kHzを18dB/octにてハイカット。

Manley Massive Passive EQを使い27kHzを
フィルターにてカット。

ポイント

・可聴帯域外のノイズをローパスフィルターでカット
・ターゲットは24kHz ～ 27kHzを18octや20octにてカット

◆ファイル管理

2章まででバックアップ用のファイナルマスター（32/96)、Spotify用のファイナルマスター（24/96）と、ファイルマスターが2つできました。さらにYouTubeやInstagram、CD用と制作すると、どんどんファイルが多くなります。わかりやすくファイルを整理するには、以下のファイルネームやディレクトリーで保存するのはいかがでしょう。ネームは13文字以内が理想といわれいます。わかる範囲で略語もいいかもしれません。

例：TestFianl2496Spot

1階層 フォルダ：2020ArtistName
  2階層 フォルダ：AlbumName
    トラックダウンマスター
    TestFinalMaster3296
        3階層 フォルダ：CD
          TestFinalMaster1644
        3階層 フォルダ：YouTube
          TestFinalMaster2448Youtube
        3階層 フォルダ：Spotify
          TestFinalMaster2496Spotify
        3階層 フォルダ：iTunesまたはMFiT
          TestFinalMaster2496MFiT
        3階層 フォルダ：Instagram
          TestFinalMaster2496Instagram

新たな配信先のファイルを制作する場合TestFinalMaster3296から作り上げます。

■2章 まとめ

Spotify用マスタリング　パート2

2章ではタテのライン＝周波数ポイントに沿って楽曲を整えていきました。上級編まとめでは音量の調整のみでしたが、2章で学んだことを活かして、Spotify用マスタリングの実践です。2章ではEQなどのプラグインを使って細かい操作をおこなうため、セッションファイルのソング設定を48kHz/32Bit Floatまたは96kHz/32Bit Floatに設定します。

1　セッションファイルのソング設定を48kHz/32Bit Float、もしパソコンのスペックに余裕があれば96kHz/32Bit Floatを選択します。

2　音源の変化を確認するため、アナライザーのVoxengo Spanと、コーデックによる変化を聞くためのSonnox FRAUNHOFER PRO-CODECをマスターチャンネルに挿入する。

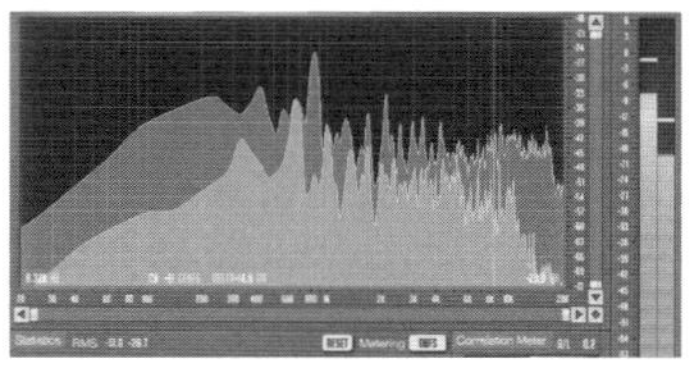

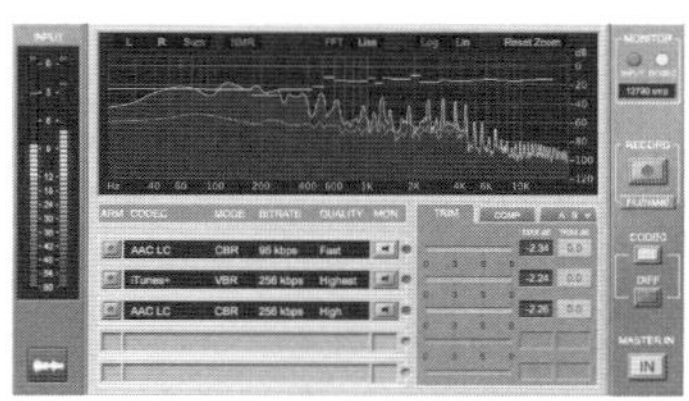

3　前段EQ（Fabfilter Pro Q2）にて必要のない低域をなくすため、ローカットフィルターにて19.93Hzを1dB/octカット。

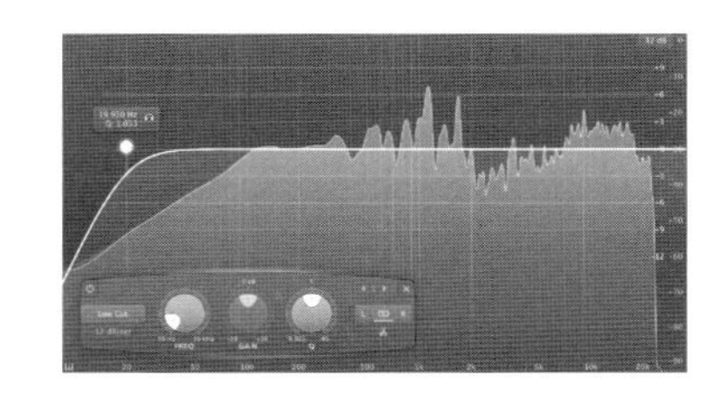

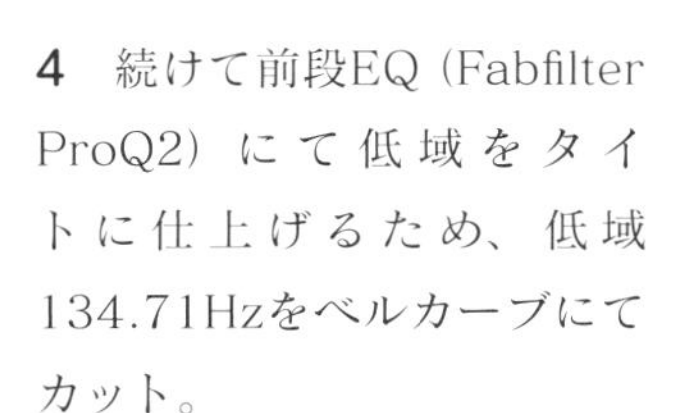

4　続けて前段EQ（Fabfilter ProQ2）にて低域をタイトに仕上げるため、低域134.71Hzをベルカーブにてカット。

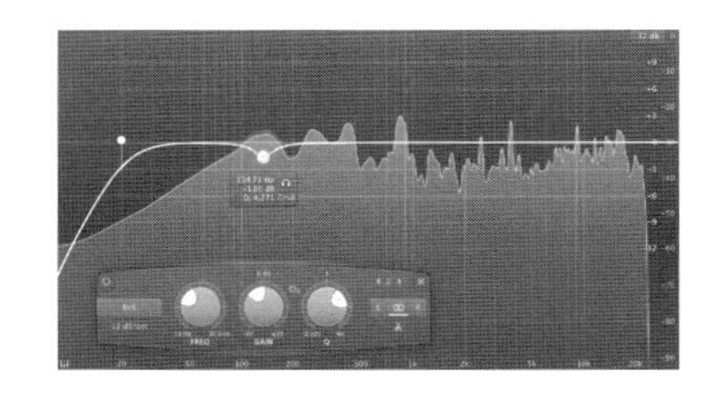

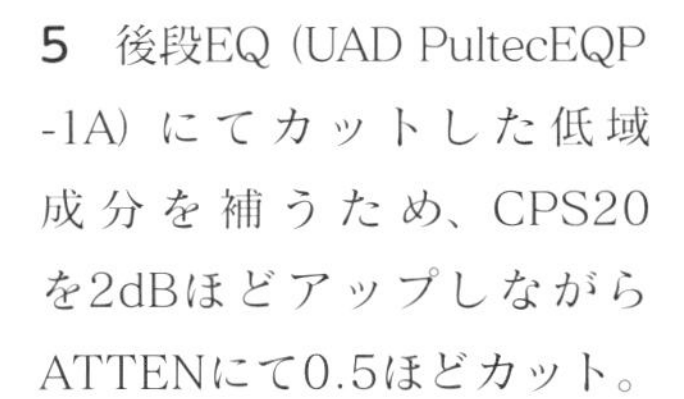

5　後段EQ（UAD PultecEQP-1A）にてカットした低域成分を補うため、CPS20を2dBほどアップしながらATTENにて0.5ほどカット。

6　ディエッサー（UAD Precision De-Esser）にて高域を丸めます。スレッショルドは－15.dB、周波数は6.92k、Widthは1.21octを選びます。

7　マルチバンドコンプレッサーで低音をまとめ、さらにボーカルの帯域にエキスパンダーを使用しボーカルにハリをつけます。

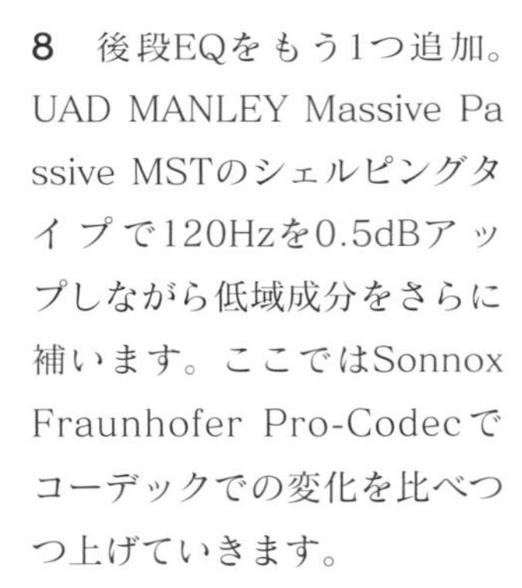

8　後段EQをもう1つ追加。UAD MANLEY Massive Passive MSTのシェルピングタイプで120Hzを0.5dBアップしながら低域成分をさらに補います。ここではSonnox Fraunhofer Pro-Codecでコーデックでの変化を比べつつ上げていきます。

9　さらにディエッサーやコーデックの変化で失われる高域成分を補い、高域のエアー感を付加するため、UAD MANLEY Massive Passive MSTにて16kHzをシェルピングタイプにて1.5dBアップ。

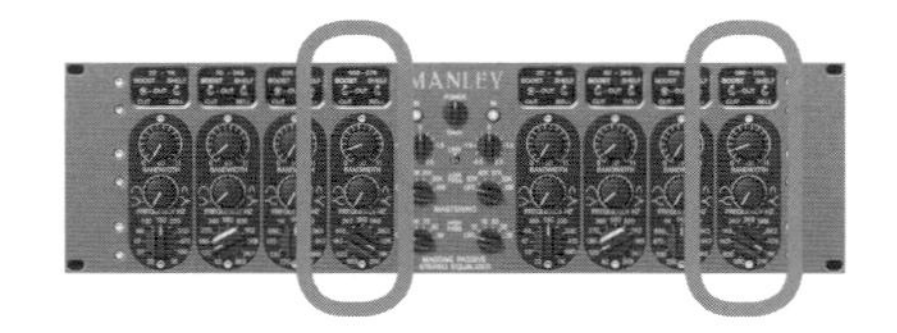

10　最後はUAD Manley Massive Passive MSTにてノイズ対策のハイカットをおこないます。つまみ真ん中にあるハイカットにて27kHzを選びます。BUSチャンネルのプラグインは全部で5個となります。

11　マスタリング中には必ずオリジナルチャンネルとの違いや、マスターチャンネルにてモノラルとステレオの違い、Sonnox Fraunhofer Pro-Codecでコーデックの違いを何度も確認します。

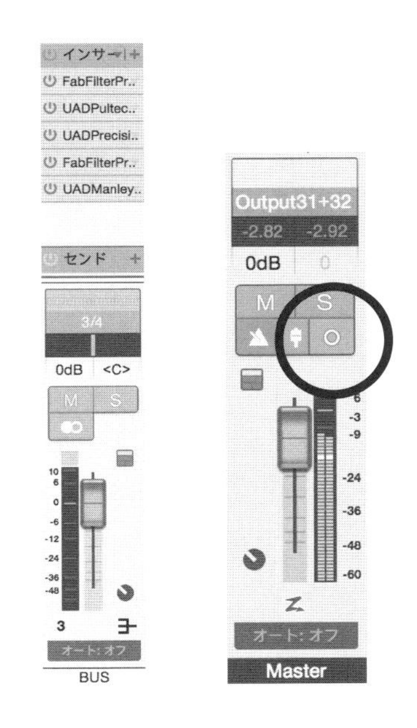

12　ここで終了する場合は、最終マスターを48kHz/32Bit Floatまたは96kHz/32Bit Floatにてプリントします。ファイル名はTestFinalmaster3296またはTestFinalmaster3248。引き続き調整をおこなう場合は3章のまとめに続きます。

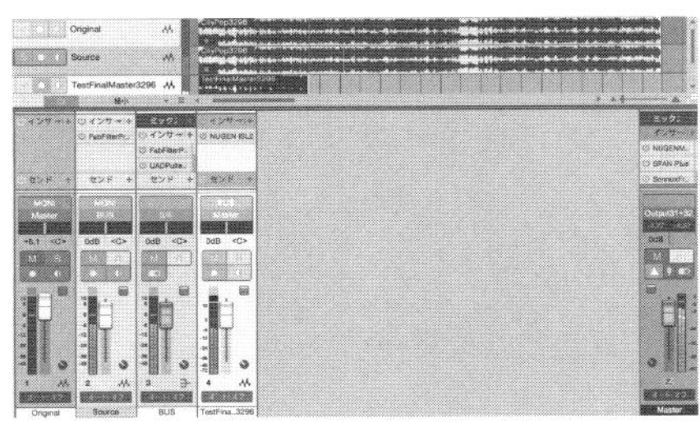

13　2章では32Bit Floatのファイル形式にて制作し、プリントしました。完成したファイナルマスターはバックアップ用として保存します。このファイルから配信サービスへの納品用のファイルを別途書き出します。再度DAWへファイナルマスターを読み込み、次に「ディザリングまたはディザー」【*】を有効にします。Studio Oneでは環境設定にチェック項目がありますが、ディザリング機能がないDAWの場合はiZotope Ozoneなどを使いマスターチャンネルの最終段に挿入します。

14　ステップ3と同じように、「ミックスダウンをエキスポート」を使ってプリントします。このときファイルフォーマットの解像度を「24Bit」に変更します（サンプルレートは96kHzのまま）。ファイルネームは「Test FinalMaster2496 Spotify」。

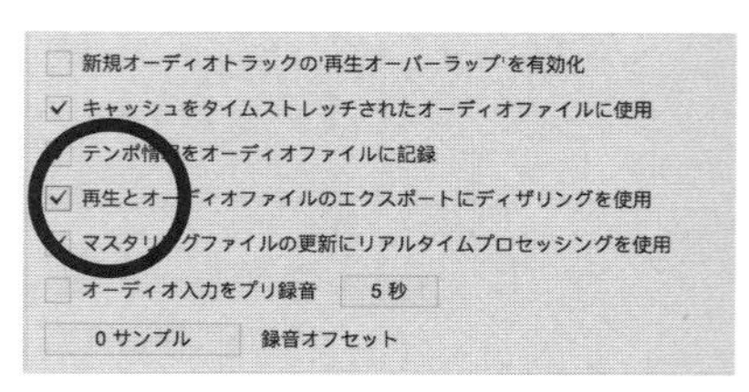

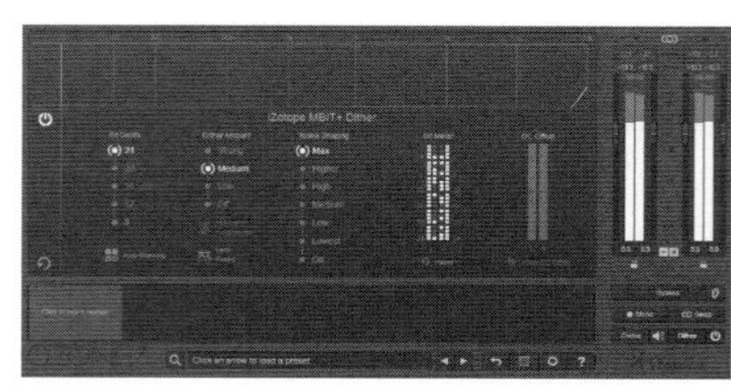

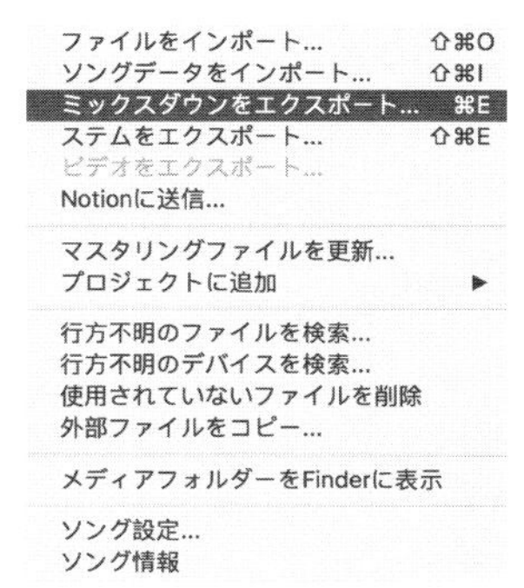

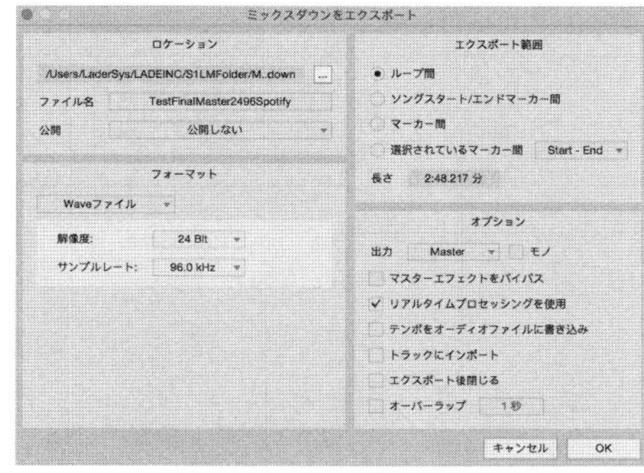

＊ ディザリングまたはディザーは、今回のように大きなビット数（32Bit Float）から小さなビット数（24Bit）に落とす場合（ダウンコンバート）に必要となる工程です。例えば、20畳の部屋から10畳の部屋へ引っ越しするとなると、いろいろ荷物を断捨離しなければなりません。ただし闇雲にあれもこれも処分すると、新生活で足りないものが出てきて困ります。そのためこれは必要、不必要としっかりと選別する監視役がいてくれれば楽ですよね。ディザリングはこの監視の役割をします。実際は原音にノイズを足したり歪みやエラーを抑えたりと、とても数学的な処理をするのですが、ここでは2つのことだけを覚えてください。1つ目はダウンコンバートをするときにはディザリングをおこなう。2つ目はディザリングは1度だけです。

持っておいて損はしない Pultec EQのユニークな使い方

ビンテージなプロ用音響機器には独特な使い方や裏ワザがあるものが多いです。例えばレコーディングスタジオで定番のUREI1176は、ほかのコンプレッサーと違いアタック、リリースのメモリは逆の動きをします。通常早いアタックやリリースがほしい場合はメモリを最小にしますが1176は逆の最大にします。同じようにPultecのEQも独特な操作の仕方があります。

Pultec EQは3つのパート（低域、高域のブースト、高域のカット）に分かれています。

・低域パート

低域パートはシェルピングタイプ固定で、増減をおこなうBoost（増幅）とAtten（減退）、そして周波数を選ぶLow Frequencyの3つのノブでコントロールします。特徴的なポイントは2つ。Low FrequencyのメモリはCps（Cycles Per Second）単位で、通常EQで使われるkHzのことではありません。なので20に合わせても20Hzを指すのではなく、ちょうど60Hzぐらいにピークがくるシェルピングカーブになります。もう1つはBoostとAttenつまみが独立しており、増幅と同時に減退もできるようになっています。ただし同時に使用しても Attenの方が多少周波数が高いところで反応するので、低域をブーストしながらちょっとだけ上の周波数帯をカットすることができます。

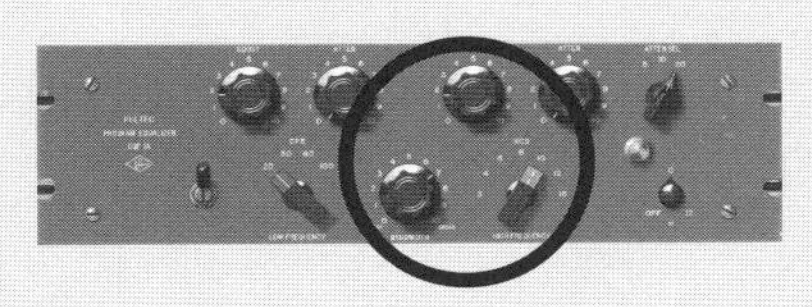

・高域パート

高域パートはベルカーブタイプ固定で、周波数を選ぶHigh FrequencyとBandwidthそれにBoostの3つのノブでコントロールします。低域パートと違いBandwidthが通常のEQにあるQの役割をおこないます。バンド幅は数字が大きくなると広がります。また周波数の選択は通常のkHzと同じ、3を選ぶと3kHzで作動します。

・高域アッテネーター

高域パートにはもう1つカット専用のフィルターがあります。これもシェルピングタイプ固定でAttenノブで5、10、20kHzの周波数から選びます。

Pultec EQは非常に多彩な使い方ができるEQです。マスタリング以外にもボーカルやベース、キックに相性がよく、持っておいて損はしないEQです。

各メーターの数値で注目すべきポイント

●VUメーター

単位は0dBu、最大+3dBu

アナログ時代に使われた音量メーターで音の大きさとともに、ダイナミックレンジを測る目的で使用します。たとえばアナログレコードを楽しむリスニング環境って、部屋の中など比較的静かなところですよね。そこでは音量が小さくてもしっかりと聞き取れますから、音圧を上げる必要はありません。むしろ幅広いダイナミックレンジの楽曲が映えます。そのためVUメーターが現在もミキシングや配信用マスタリングの現場では多用されています。

メーター内部の針が左側からはじまり音量が大きくなるにつれて－20dBuから－5dBu、そして0dBuへ向かい、最大の音量であるレッドゾーンの+3dBuまで測ることができます。ただしトラックダウン時には最大を0dBuまでとして、－20dBuから0dBuの間を針が幅広く動くミックスがよいとされています。

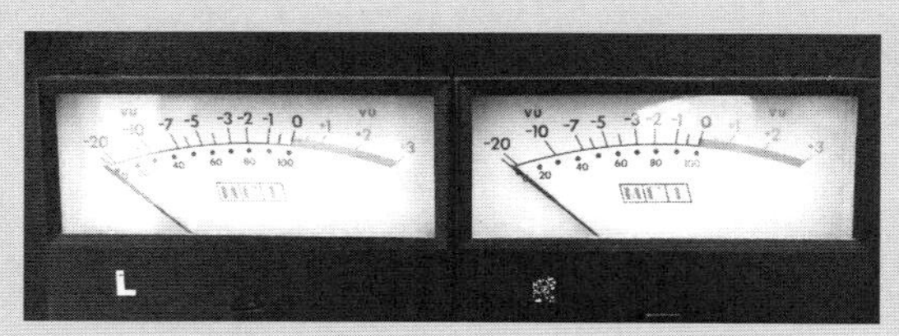

MCI JH416付属のVUメーター（Lader Production所有）

●ピークメーター
単位はdBFS、最大0dBFS

デジタル録音から使われはじめたメーターです。アナログレコーディングでは、0dBuを超えても音が割れるなど多少聞きづらくなる程度なのに、デジタル録音になると0dBFSをたった一瞬でも超えるとあっさりエラーとなって、歪みノイズとして現れます。そのため、0dBFSというピークを超えていないか確認する目的としてピークメーターを使います。おおよそ−20dBFSから−16dBFS辺りをVUメーターの0dBuと見立て−30dBFSから−2dBFS辺りを揺れ動くようにミックスします。

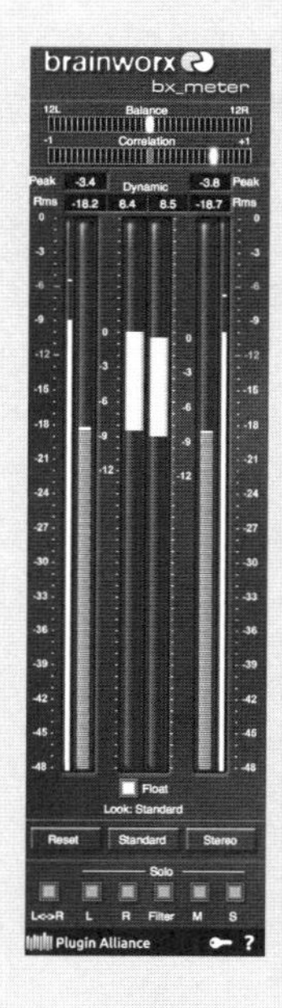

Brainworx bx_meter。中央のDynamicの下の数値がダイナミックレンジを表す。ここではRチャンネルが8.5のダイナミックレンジ値。さらに下のバーがダイナミックレンジの広さを示している。

ピークメーターはとても高性能なのですが、ピークを見落とす場合もあります。ピークメーターをチェックしながら0dBFSを超えていないファイナルマスターを仕上げたつもりが、チェック環境を変えるとあっさりとエラーになったりします。そのため少し余裕を持たせてトラックダウンをおこないます（ステップ4参照）。

●RMSメーター
単位はdBFS、最大0dBFS

デジタルのよさは手軽さ。スマートフォンに楽曲を入れれば、車や電車の中でも楽しめますよね。ただしリスニング環境としてはあまりいいとはいえません。電車の騒音や電車内の雑音などは驚くほど大きく、ついついボリュームを上げてしまうことも。そんなノイズの中でもしっかり伝わる十分な音圧を備えた楽曲を作るためにはRMSメーターを使います。チェックするポイントは2つ。ピークメーターと同じように0dBFSを超えないようにピークレベルを確認しながら、RMSメーターの平均レベルとの差、クレストファクターをチェックします。

クレストファクターが大きければ音圧が小さくてダイナミックレンジが広く、小さければ音圧が大きく電車の中でもしっかり聞き取れます……が、高音圧の音源は長時間聞くと疲れますし、なにより最近はノイズキャンセリングイヤホンも普及し、もう極端な音圧は必要ありません。

数値の見方は、ひと昔前のポップスではクレストファクターが−3dBで高音圧、通常は−8dB辺りの楽曲が多いです。またトラックダウンマスターの場合は−12dB辺りと、広いダイナミックレンジを保ったままマスタリングへと送ります。

●スペクトラムアナライザー

これまでのメーターはすべて音量だけを確認するためのものでしたが、スペクトラムアナライザーは音量の大きさとともに音の周波数成分を視覚的に確認するために使います。といってもちょっと難しいので、例えば五線譜の楽譜を想像してください。五線譜の音符って、下に行けば低く、逆に上がれば高い音を表しますよね。スペクトラムアナライザーはこの楽譜をヨコにしたものと考えてください。

例えば童謡「さくらさくら」のはじまりの音は「ラ」、これを周波数で示すと440Hzです。さらに1オクターブ高い音の「ラ」なら880Hz。高い音は周波数も高くなりスペクトラムアナライザーではどんどん右側で表示します。ピアノの鍵盤も右へむかうほど高い音が出るのと同じですね。

ミキシングやマスタリングでは、スペクトラムアナライザーを見ながら、楽曲が構成している楽器ごとの帯域や住み分けなどのバランスを確認します。スペクトラムアナライザーで80Hz辺りが盛り上がっていると低音がタップリ出ているということですから、ベースやキックのボリュームを小さくしたり、EQでカットしながら調整していきます。

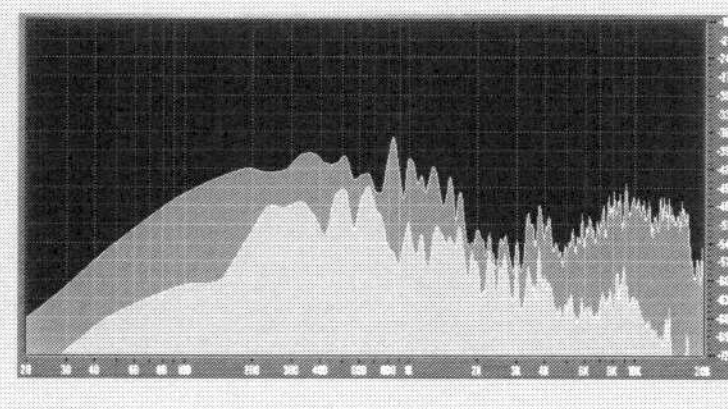

Voxengo SPAN

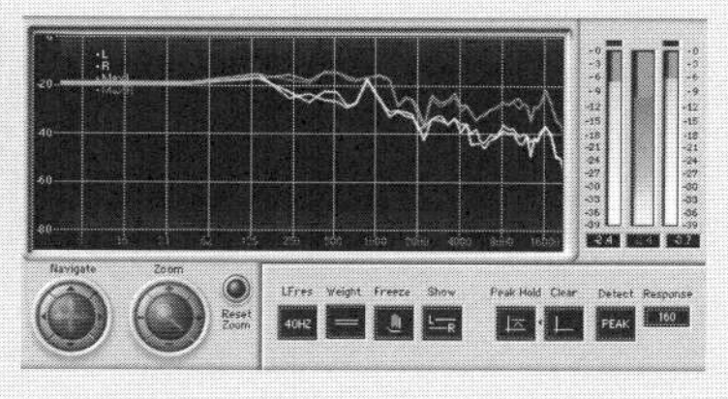

WAVES PAZ Analyzer

これらのメーターを用意しておくと配信用マスタリングがやりやすくなります。

第3章

立体的に整える

立体的とは「横の広がり」や「奥行き」を感じるサウンドのことです。といってもマスタリングでより立体的な楽曲に作り替えてしまうわけではありません。例えば同じ音でも、スピーカーとヘッドフォンでは奥行きや広がりが違って聞こえます。ワイドな広がりを持った楽曲でも、ヘッドフォンで聞くと広がりすぎで定位感がなくなり、結果パンチのない音源に仕上がっているかもしれません。

配信サービスにマッチした立体感を

ミックスによって仕上がった楽曲を、配信用のフォーマットに合わせて磨きあげることがマスタリングです。前章までにお伝えしたように、楽曲を配信にマッチした音量感に仕上げ、スマートフォンやPCで再生したときに最適なバランスで聞こえるようにすることに加えて、モノラルやステレオ、そして全体の立体感にも注意しながら整えることが大切です。ストリーミングサービスによってはステレオではなくモノラルで再生する場合もあります。

立体的な音像を作るには、周波数のある1点だけを確認しながら調整するのではなく、関連するすべての帯域やポイントをチェックしながらおこないます。例えばボーカルを調整するには、ボーカルのリバーブの広がり、近くの帯域にいるスネアやギターとの関係、真ん中に定位するベースやドラムとのバランスなどを確認しながら、ときにはステレオEQやこれから解説するM/S用のEQなどを同時に調整します。

19 M/S処理で音像を調整する

楽曲を真ん中(Mid)と両端(Side)に分けて細かく調整

マスタリングで広がりのある立体的なサウンドや、モノラルのように狭い音像だけどパンチのあるサウンドなどへと仕上げることができます。3章ではこうした楽曲の音像を調整する「M/S処理」というテクニックをお伝えします。

その前にミキシングの基本について。楽曲をミキシングするときには、パンを使って楽曲の配置を決めて広がりのあるサウンドを作りますよね。

コンソールにあるパンは、中央0から離すだけ広い空間を演出できます。例えば、ボーカル、ベースは中央0に対して、ドラム全体をやや右側のR40、ピアノをやや左側のL40と配置すれば、小さなジャズクラブのステージを演出できます。もっと広いホールを作りたいのなら、ドラムやピアノのパンを左右に振り切ってもいいでしょう。よりワイドな空間で演奏した楽曲に仕上げることができます。

ミックスのパンに対し、**マスタリングではM/Sという方法で広がりや奥行き感をコントロールします。** M/SとはMidとSideを略したもので、ステレオ音源（LとR）を真ん中（Mid）と両端（Side）の2つの成分に分けることをいいます。パンで表すならMidはR30 ～ L30、SideがL100 ～ L30とR100 ～ R30辺りでしょうか。この2つの成分に分けることで、簡単に広がりのあるサウンドを作ることができます。

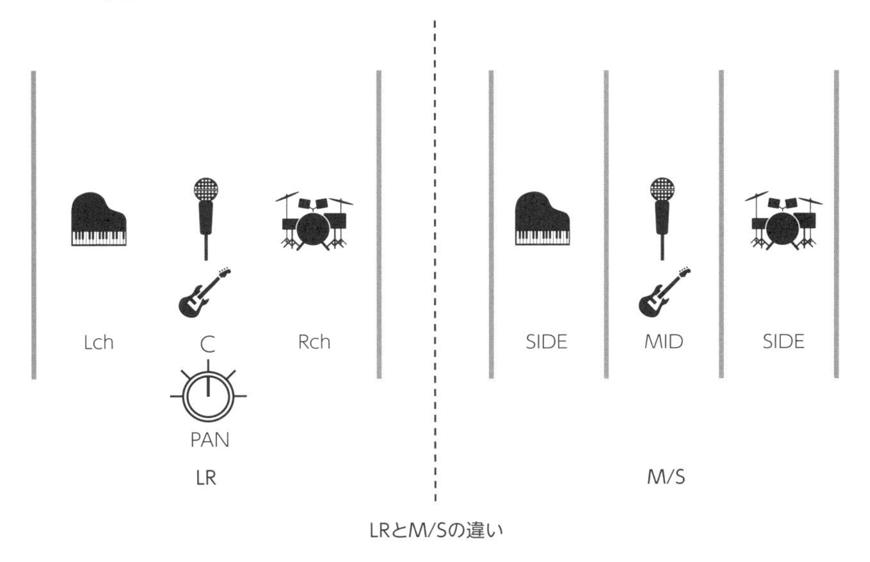

LRとM/Sの違い

先ほどのジャズのステージで例えるなら、真ん中のMidにはボーカルとベースが、両端のSideにはドラムとピアノが占めています。ここでMidの音量を少しずつ絞りはじめると、徐々に広がりのあるワイドなサウンドに変化していきます。逆にSideの音量を絞りはじめると、真ん中にいるボーカルやベースが浮かび上がり、音像の広がりは少なくなる反面、芯が強くなり、パンチの効いたサウンドへ変化していきます。

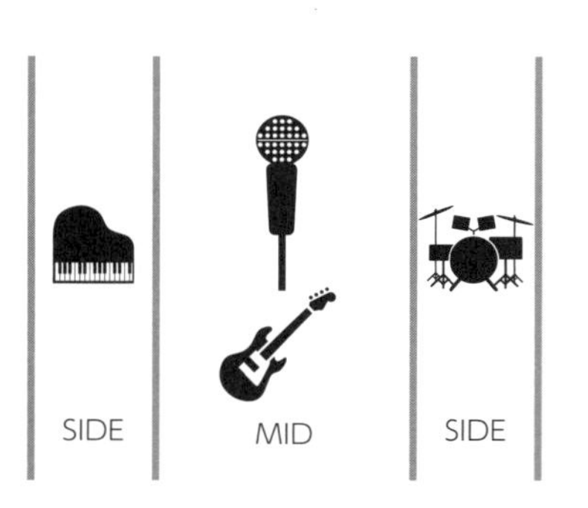

Midを大きくすると芯のあるサウンドになるが広がりがなくなる。

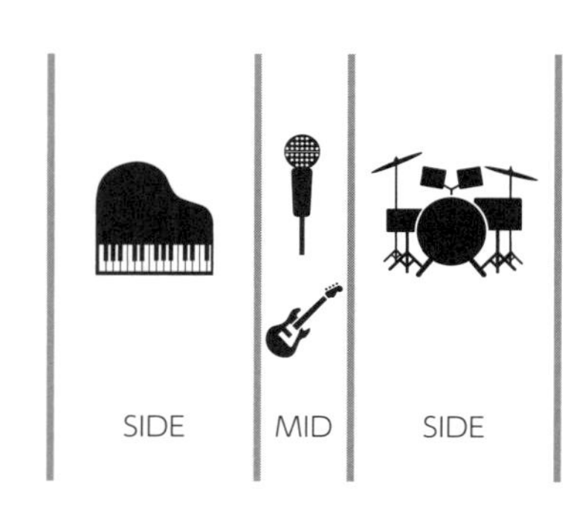

Sideを大きくすると広がりが増すが、中心が薄くなる。

マスタリングではステレオ音源をM/Sに変更し、以下の処理をおこないます。

1　ステレオアジャスト
2　M/SのEQ
3　M/Sのコンプレッサーまたはディエッサー

楽曲をM/Sで処理することで、ステレオではできなかった非常に細かな調整が可能となります。次のステップではトラックダウンファイルの音像をチェックし、ファイナルマスターへ向けた音像作りを確認します。

ポイント

- マスタリングで立体的に整えるときはM/S処理を使う
- M/Sとは真ん中(Mid)と両端(Side)に分けること

20 ステレオアジャストとは広がりを制御すること

楽曲の広がりに注目する

広がりのあるサウンドはM/S処理すると簡単に作れます。だからといって毎回広がりのある楽曲に作り替えるわけではありません。

楽曲の再生環境を考える

楽曲の広がりを制御することを「ステレオアジャスト」といいます。もしヘッドフォンやイヤフォンで再生されることが多い楽曲なら、思いきって音像を狭めたり、スピーカーで聞かれることが多い楽曲なら広めたりします。このようにマスタリングでは楽曲の再生環境を意識しながら音像や定位、位相のコントロールをおこないます。もともとはアナログレコードのカッティング時に、Neumannのマスタリングコンソールや Lexicon 480Lなどを使っておこないましたが、現在はM/Sプラグインやステレオイメージャーを使って制御します。

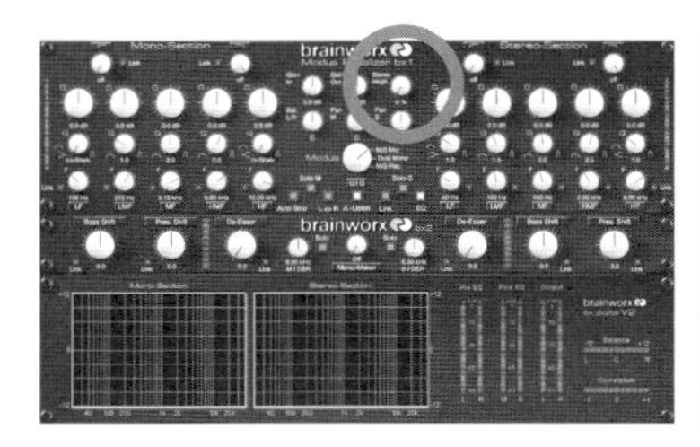

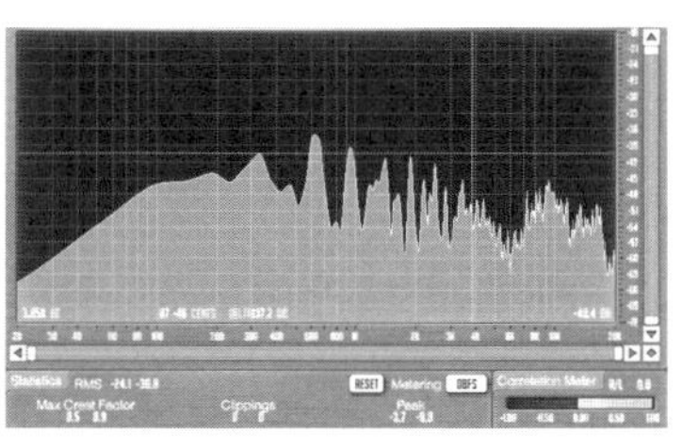

Brainworx bx_digitalを使って、Stereo Width値を0%に設定し、楽曲の広がりをなくす。Voxengo SPANで確認するとCorrelation Materが1.00と右側に振り切り、楽曲の広がりがなくなっていることがわかる。

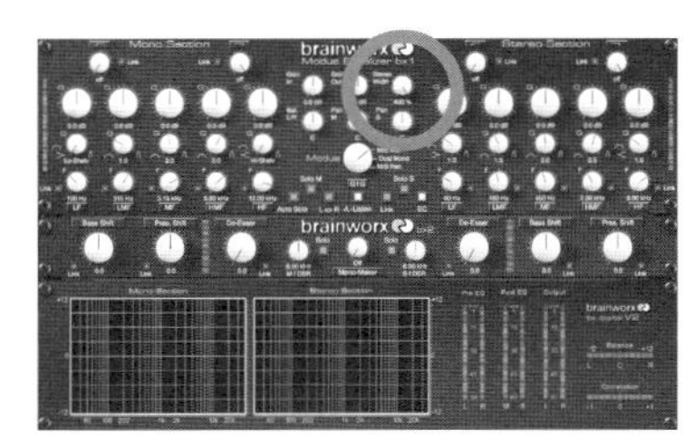

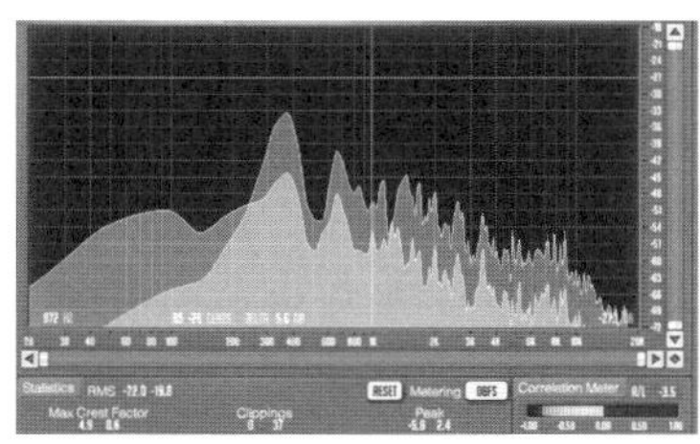

今度はBrainworx bx_digitalを使って、Stereo Width値を400%に設定し、楽曲に広がりをつける。Voxengo SPANで確認するとCorrelation Materが左側のマイナスの方へ向かい（逆相）、スペアナではSide成分が多くなっている。

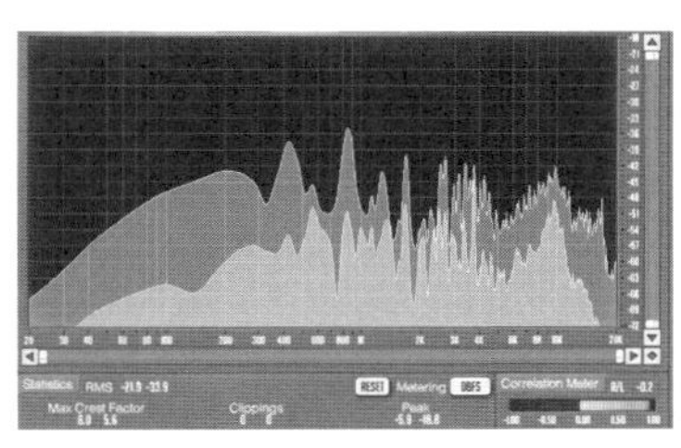

ヘッドフォンでの試聴を意識しながら補正。適度な広がりが保たれている。

やり方はとても簡単で、ステレオアジャスト用のスライダーやノブのみでコントロールします。例えばBrainworx bx_digitalならStreo Witdthノブを右に切ると広がりが増え、左に切ると広がりがなくなります。

1　Brainworx bx_digitalをBUSチャンネルに刺す
2　Streo Witdthをアップ/ダウン
3　bx_digitalをOn/Offしながら広がりをチェック
4　マスターチャンネルのモノラル/ステレオを切り替えながら広がりをチェック

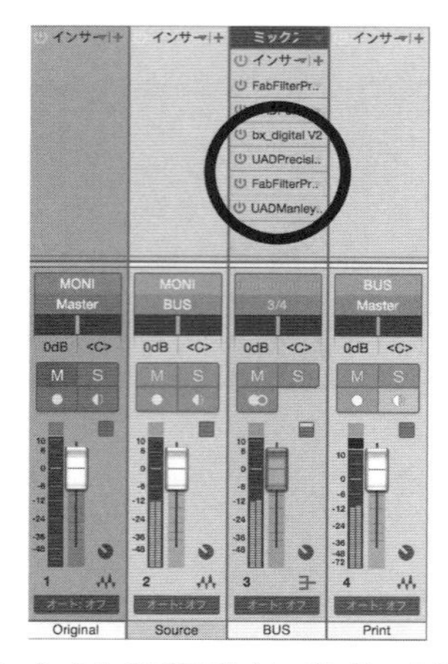

BUSチャンネルのプラグインインサートに挿入。
ここでは3番目に刺さっている。

Brainworx bx_digitalを使ってStereo Widthをスマートフォンを意識し多少広がりを閉じ、94%に設定。

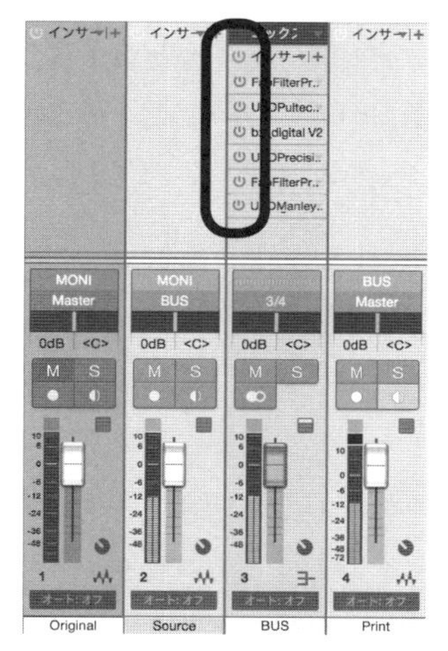

プラグインのBypassやプラグインのOn/Offを使って補正効果を必ず確認。

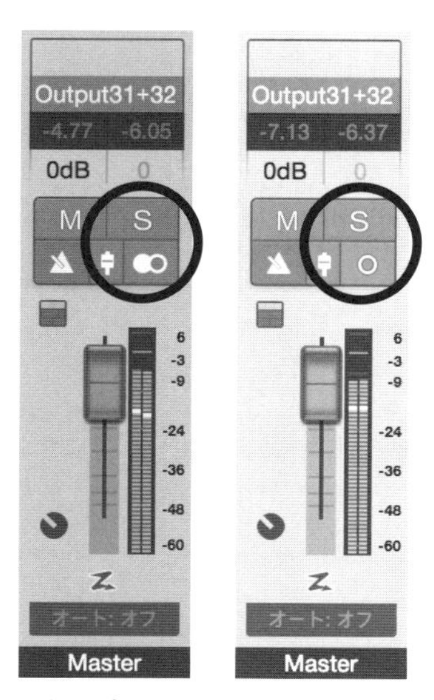

マスターチャンネルのモノラル/ステレオの切り替え。

簡単に音像を操作できるぶん、ついつい過剰に調整してしまいがちです。楽曲の音像の崩れをおこさないよう、調整中はステレオとモノラルを切り替えながら、その変化をチェックします。モノラルにしたり、ステレオにしたりすると、今まで気づかなかった音像の動きや定位のバランス、位相がよくわかります。

いつの間にか消える音

ステレオで聞いていたときにはすべての楽器が元気よく奏でているのに、モノラルになると一部の音が消えたり、極端に小さくなることがあります。これは「逆相」がおこす問題です。ステレオアジャストとともにステレオ／モノラルを確認しながら、問題がおこっていないかチェックするとよいでしょう。

ポイント

- ソースの再生環境を考える
- モノラルとステレオを切り替えてチェック【*】

＊ 位相をチェックするには、ベクトルスコープやコリレイションメーターなどを使います。ただし微妙な変化をメーター上で読み取るにはちょっとした訓練がいりますので、まずは自分の耳で判断できるようになりましょう。例えば位相をコントロールするプラグインLittle Labs IBPなどを使いながらその変化を耳で体験してみるといいかもしれません。

◆ヘッドフォンやアナログレコードの音像

ヘッドフォンやイヤフォンで音楽を聞く場合、左チャンネルなら左耳、右チャンネルなら右耳に直接入るので、スピーカーで聞くよりも横に広がって聞こえます。そのため、タップリと広がりのある楽曲をマスタリングするときには、ヘッドフォンやイヤフォンで聞いた場合、Sideの成分が強く真ん中部分が抜けて両端に分離した楽曲になっていないかチェックします。またアナログレコードもその性質上、LR左右の分離が強くなります。そのためトラックダウンマスターと同様の広がりを作るには、音像をあえて狭めてカッティングをおこないます。

参考文献：亀川徹『JAS Journal』2013年11月号（Vol.53 No.6）「ヘッドホン再生における音場再生とは」一般社団法人日本オーディオ協会, 2013

◆ノイズキャンセリングの原理

ノイズキャンセリングのヘッドフォンやイヤフォン、流行っていますよね。電車や飛行機に乗ってノイズキャンセリングをONにすると車内のノイズが一切がなくなり快適です。このノイズキャンセリングの原理が「逆相」です。つまり、ヘッドフォンには外の音を取り込むマイクが仕込まれており、取り込んだ音（音波）の位相を反転させ再生します。すると取り込んで反転させた音が外の音を打ち消し、ノイズがなくなります。ステレオアジャストやM/Sではこの位相をダイレクトにコントロールするため、逆相で打ち消し合う場合もあるので要注意です。

21 力強いシャープな低域に

M/Sでは逆三角形を意識しながら立体的な理想の配置へ

横に膨らみがちな低音をスッキリさせ、芯のある力強い低域に仕上げるためには、低域のSideを大幅にカットします。ハイパスフィルターで150～250Hz辺りから、ややゆるめなバンド幅－12dB/octや－18dB/octを選びます。もし低域をカットし、低音が弱く感じるならば、前段のステレオEQに戻り80Hz周辺の持ち上げを再考します。

Brainworx bx_digitalを使ってSideの低域をカット。

また同時に200～400Hzをベルカーブで少しだけブーストすることで、Sideのギターとベースのつながりを整えます。ここでの可変幅はステレオ／モノラルで確認しながら0.5dBずつアップし最大3dBまでで調整します。

Brainworx bx_digitalの場合

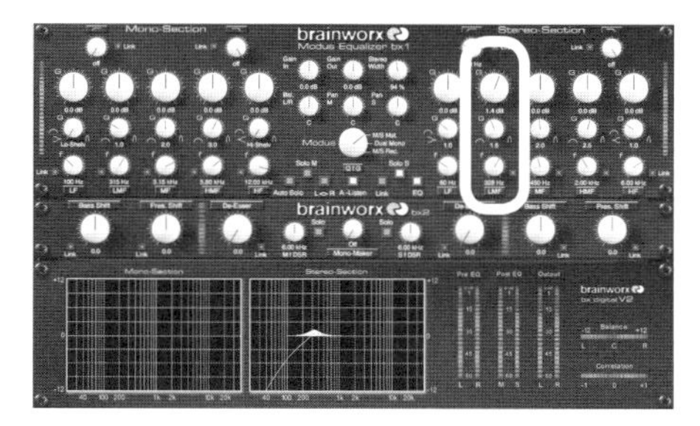

Brainworx bx_digitalを使ってSideの中低域をブースト。

FabFilterの場合

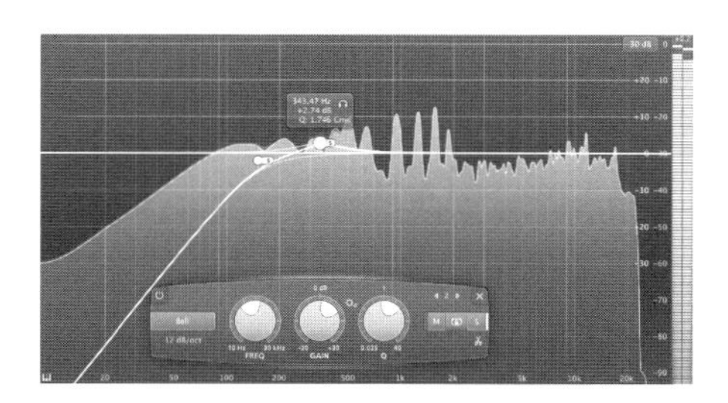

FabFilter Pro-Q2を使った低域の処理。

M/SでEQやコンプを扱う場合は、スピーカーに対し逆三角形の配置を意識して作り上げると、奥行きや立体感のある楽曲へと仕上がります。ポイントは低音部分。この部分をシャープに整え、高音へと進むにつれてSideへ広がるように調整すると立体的な理想の配置になります。

逆に、低音部分をルーズに横に広げるとダンスミュージックのようなリッチな低音を作れますが、立体感は失われます。配信ではシャープな低音を作り、「**映えるキック**」を意識し、中域や高域は、逆三角形のラインを飛び出ないように広がりをつけていきます。

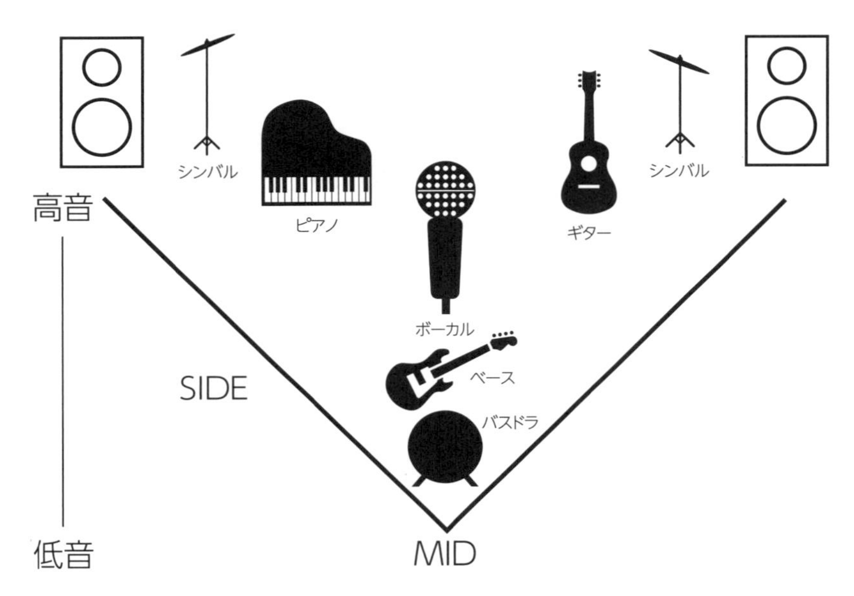

低域は鋭く、高音へ上がるにつれて横に広げていく。

ポイント

- 低域のSideをきっちりカット
- 立体的な配置を考えながらEQを処理

◆低音の指向性

ミキシング時にキックを真ん中に配置しても、いつの間にかSideに広がってしまい、締まりのないキックになることがあります。これはもともと、低音は指向性を持たないという特性のため、ほうっておくと空いている空間へ逃げ込むからです。例えばキックやベース、ピアノなど低音成分の多い楽器が増えると、空室になっている低域Sideにキック音が逃げ込みます。

低域に音が集まりすぎるとSideへと逃げ込む。

クラブ系のダンスミュージックではこの要素を逆手に取り、Sideの低域をきっちりコンプし、MidとSide両方の広範囲なローエンドを作り、タップリとした重低音を演出します。

22 ボーカルをくっきりとさせるには?

Sideを切るかMidを上げるか見極める

ボーカルやギター、キーボードなど楽曲の大切な要素が集まる中域は、より細かい調整が可能なM/SでのEQが向いてます。特に楽曲の抜け感やアタック感を損なわずに、ボーカルをくっきりと浮かび上げるようにEQをコントロールします。

M/SにてSideの800Hz ～ 1kHz辺りをQ幅広めのピーキングでカットするとボーカルの芯が生まれ、スっと浮き上がります。ただしこの部分、むやみにカットすると楽曲のアレンジ自体を大きく変えてしまう可能性もあります。

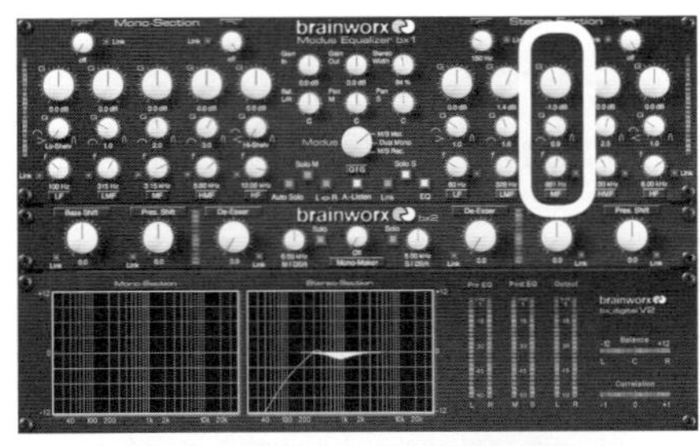

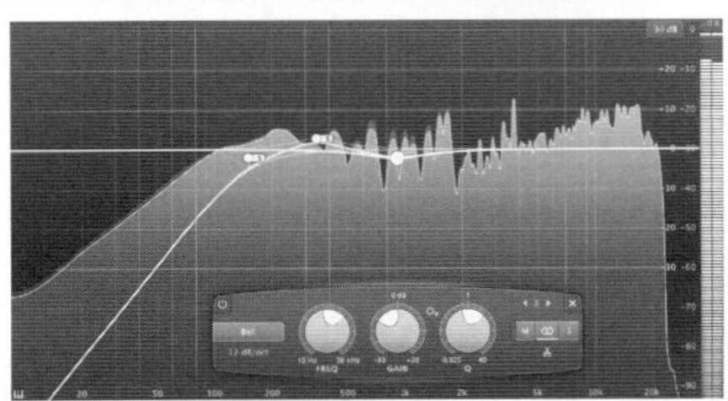

Sideの中域をカット処理。

Sideの中域は、ボーカルのツヤを出しながら、楽曲との馴染みをもたらすリバーブ成分や、ギターやキーボードなどミックス時にパンでSideに配置した楽器が占める場所です。そのためボーカルを前に出すためにこの部分をむやみにカットすると、楽曲の構成バランスが崩れ、ミックスアレンジを損なうこともあります。もちろん楽曲によってはSideをカットすることで抜け感やアタック感が出るものもありますので、楽曲ごとにSideを切るかMidを上げるか見極めなければいけません。もしSideをカットして楽曲構成が大きく変わるようなら、Midをアップする処理をおこないます。

また**ラウドネス基準では、中域をタップリ含んだ楽曲は同じラウドネス値でも大きく聞こえる特性**を持っています。そのため配信用マスタリングをおこなうなら、Sideをカットするのではなく Midを持ち上げる処理が向いているかもしれません。次のステップではそんなMidをアップする方法、帯域別のボーカルアップテクニックをお伝えします。

ポイント

- **中域はM/Sで細かく処理**
- **Sideをカットするボーカルでは800Hz～1kHzを広めにカット**

23 楽曲スタイルによるボーカルのポイント

楽曲スタイルによってアップする帯域を見極める

ロックやポップス、ヒップホップなどジャンルや時代の流行によって楽曲のスタイルは変化しますが、同様にミックスやマスタリングのアプローチも楽曲や時代によって変化しています。例えば80年代の低音感は最新のポップスからすると、少し物足りないのかもしれません。同じようにボーカルもジャンルや時代によって聞かせるポイントは変わります。

- 2kHz：シティーポップなど2010年以降の傾向
- 3kHz：ロック
- 5kHz：ティーンズポップスなどポップス全般

マスタリングする楽曲のスタイルを見極めながらボーカルをブーストする箇所を決めます。もちろん3つの周波数ポイントをすべてチェックして最適な場所を選ぶのもいいかもしれません。ただし**3kHzのポイントは要注意**。このポイントは人が1番敏感に感じる帯域だからです。3kHzはほかのポイントよりも少なめに調整します。

1　EQのMidにて周波数ポイントをザックリ決める
2　0.5dBなど少しずつアップする（最大3dB）
3　周波数を微妙に上下に変更しながらマッチしたポイントを探る
4　バイパスにしたり、ステレオ/モノラルに切り替えて変化を確認
5　しっくりこない場合は別の周波数ポイントを探る

ボーカルにとって最適な音量感は、キックやベースと比較しながら導き出します。楽曲の真ん中にはボーカルのほかにキックとベースが定位していますから、それらとバランスよく調和するようにボーカルの音量を整えます。このときキックやベースのバランスが整っていなければ同時に調整。キックは前段のEQにて、ベースはステップ21でブースト済みのM/S SideのEQポイントや前段のステレオEQを見直し、アタック感を調整するなら1kHz辺りをM/S Midでゲイン調整します。またスネアが中央に定位している場合は、ボーカル、キック、ベースと調和したレベルに仕上がるように2.5kHz辺りを調整します。この場所はボーカルと非常に近いところなので狭めのQ幅を選びます。

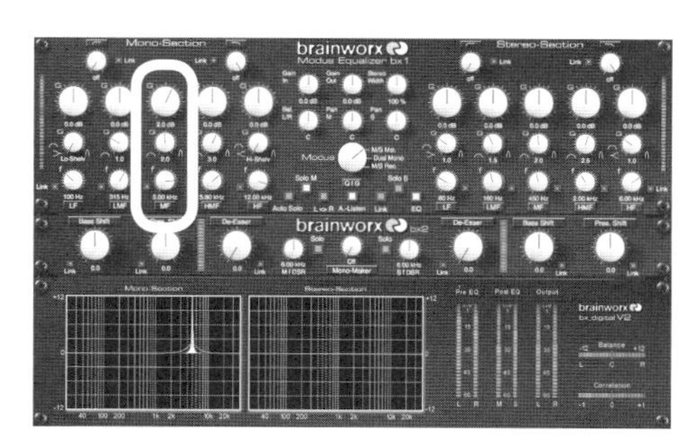

Brainworx bx_digitalを使ってボーカルの処理。ここでは5kHz付近をブースト。

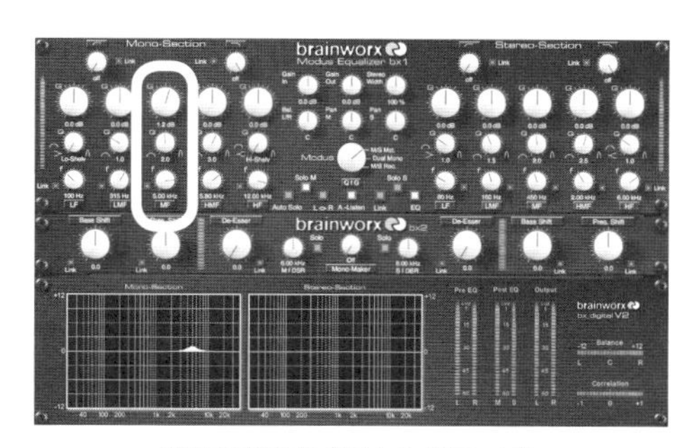

楽曲を聞きながら1.2dBアップ。

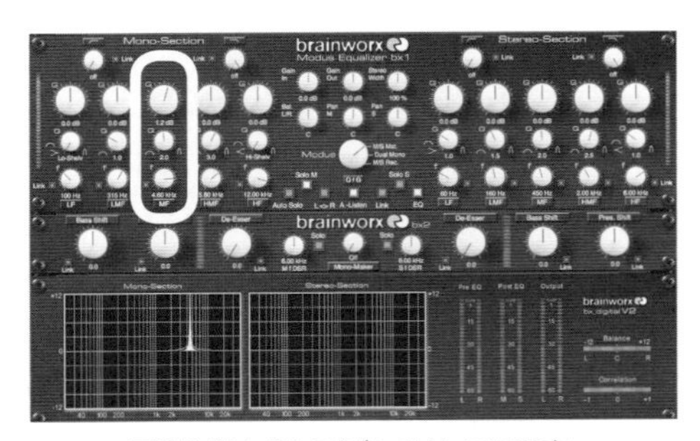

周波数帯を少し下げ4.6kHzに再設定。

Bypassスイッチで EQの変化を確認したり、ステレオ/モノラルに切り替えて広がりを確認する。

2、3、5kHzを中心にそれぞれ聞き比べてみる。

次は高域を調整しながら立体的な音像を完成させます。

ポイント

・3つの周波数から楽曲にマッチしたポイントを見極める

・ボーカルの最適な音量感はキックやベースと比較して整える

24 高域に奥行きをつけ立体感のある楽曲に仕上げる

高域の奥行きを演出

ここまでに低域のSideをカットし歯切れのいいアタック感を、中域～中高域では適度な広がりを保ちながらボーカルが前面に出るように調整しました。最後は高域のSideに奥行きをつけ、立体的な流れを作ります。

1　M/S Sideにて滑らかなシェルピングモードを選ぶ
2　周波数ポイントはボーカルのブーストポイントより上
3　Sideの高域の広がりを聞き取りながら0.5dBずつ上げる

高域の処理はすでにステレオEQで16kHz以降をブーストし、楽曲のエアー感やボーカルの抜け感を増しています。高域Sideをブーストするときにはこれらのバランスを損なわないよう注意します。特にステレオEQとM/S EQとの二重のブーストとなるため、場合によってはそれぞれの周波数帯やゲインを同時に再調整します。

ステレオEQ：ボーカルの抜け感やエアー感
M/S EQ：Sideの広がり、奥行き感

M/S処理として、Sideの処理は低域を200～400Hzをベルカーブでブースト、高域は8kHz近辺からシェルピングでブーストをおこないました。これは別の見方をすると中域を広範囲にカットしているともいえます。これでボーカルを立体的に仕上げる、Sideのカットができました。ただし低域と高域をブーストしたぶんだけ曲全体のボリュームが大きくなっていますので、上がったぶんだけ音量を落とします。

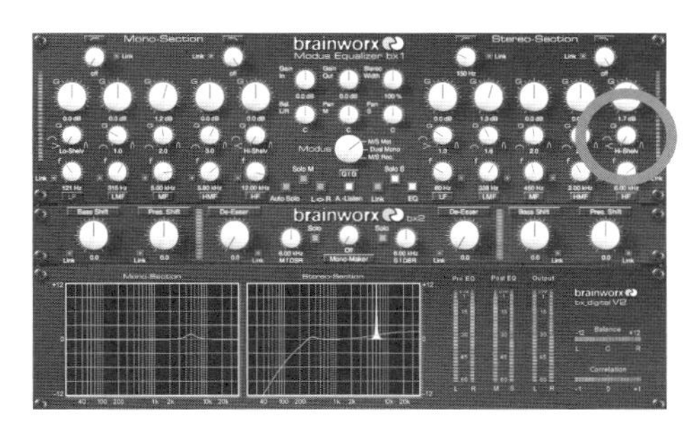

1　Brainworx bx_digitalを使って高域の奥行きを演出。
EQはシェルピングモードを使用。

2　周波数ポイントは20、18、16kHzと
高い周波数から聞き比べてみましょう。

3　高域の広がり感を意識しながら音量を上げます。

ボリュームは目測で落とすのではなく、レベルメーターを必ず確認しながらEQのアウトプットレベルで、トラックダウンマスターと同じ音量に合わせます。

ポイント

- Sideの高域は、シェルピングモードでブースト
- 高域の出しすぎに注意し、奥行きを作る

◆ラウドネス基準に高域は敏感！

せっかく低域や中域、ボーカルを処理したのに、高域を多少上げたため音圧感がなくなることもあります。高域を上げるとエアー感や抜け感が出て曲全体に躍動感が出てきますが、気持ちいいからといって多く入れるのは禁物なのです。

◆配信ヒット曲の共通点

ヒットチャートを賑わしている楽曲には共通点があるといわれています。イントロが短く、3分前後で曲が終わる。Bメロがなく、Aメロからすぐサビへ向かうなどのアレンジ以外に、楽器の構成でも共通点があります。太めのキックやベース、ハンドクラップにボーカルだけというシンプルな楽曲が増えています。理由は配信で映えるから。中域の成分をボーカルだけにすれば、スマートフォンやPCで聞いても印象的な楽曲になります。ラウドネス基準で配信される楽曲は中域がすべてといってもいいぐらい、じつは作家さんも注意を払いながら楽曲を制作しています。

25 配信の規定値に注意してコンプレッサーで締める

楽曲のイメージを崩すことなく音圧感を付加

楽曲にアタック感や音圧感を作るにはコンプレッサーが最適です。最後はダイナミックレンジやバランス、奥行きをできるだけ保ちながら、楽曲にアタック感や音圧感を与えるコンプレッサーの使い方を解説します。もちろん使いすぎは厳禁。ストリーミングサービスの規定LUFS値を超えないように注意しながら、PLRやRMSレベルを監視しておこなってください。

パラレルコンプレッサー

パラレルコンプレッサーは、ガッツリとコンプレッサーをかけた音源と、コンプをかけていない音源をかけ合わせ、その配分でアタック感や音圧感をコントロールします。楽曲のイメージを崩すことなくアタック感を付加できるためマスタリングには最適です。

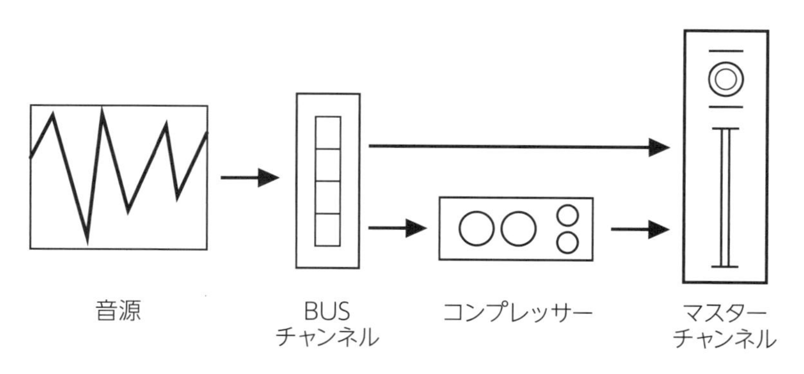

曲をBUSチャンネルにて2つに分け、1つを直接マスターチャンネルへ、もう一つはコンプレッサーを通してマスターチャンネルへ送る。

WAVES dbx 160 Compressor/Limiterを使ったパラレルコンプの使用例。
コンプレッサーを強めに設定し、MIXノブにて楽曲に混ぜていく。

DAWではFabfilter Pro-MBなどのコンプレッサーを使い、dry/wetのつまみでそれぞれの配分を決めます。

Threshold：−1.2
コンプレッション：∞(無限大)
MIX：12

パラレルコンプレッサーは2つの音源を足すため、どうしても音量が上がります。必ずプラグインのアウトプットレベルをチェックしてプラグインを使う前と同じ音量に合わせてください。

M/Sマルチバンドコンプレッサー

スペクトラムアナライザーを見ながらM/Sマルチバンドコンプレッサーを使って1番音量が大きい箇所を抑え、全体の音量を上げます。ディエッサーのように周波数帯の一部分を調整しながら音量を上げる方法です。Fabfilter Pro-MBはスペクトラムアナライザーを見ながら調整できるので非常に便利です。

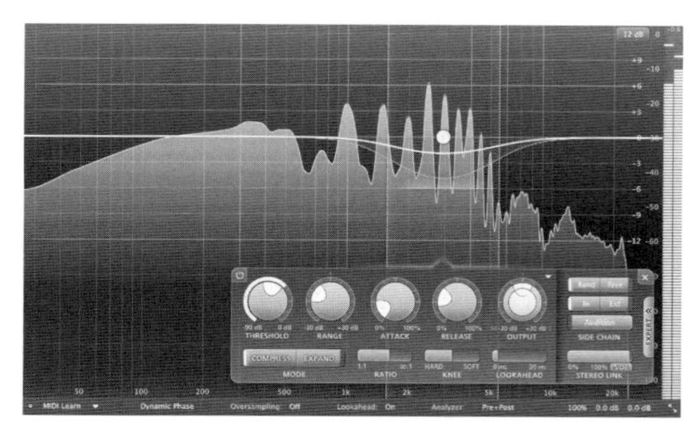

FabFilter Pro-MBを使ってSide部分のギターの
音のみコンプレッサーで抑えている。

多段がけコンプレッサー

薄くかけたコンプレッサーやリミッターを何段もかけて徐々に音圧を上げる方法です。通常は2～3段ぐらいをかけて目的のレベルまで上げますが、配信用マスタリングではあまり使うことはありません。

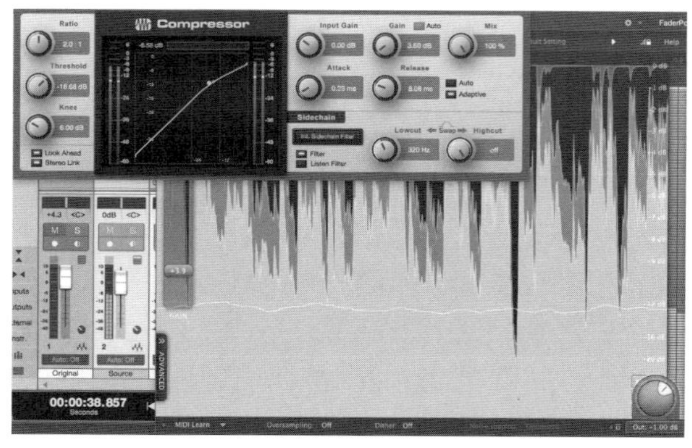

2つのコンプレッサーを使用し音圧を上げている。

ポイント

・パラレルコンプレッサーでイメージを崩すことなく音圧感を出す

■3章 まとめ

Spotify用マスタリング　パート3

3章で学んだことを活かして、Spotify用マスタリングを実践していきましょう。今回はSpotify用のファイナルマスターと同時にYouTube用のファイナルマスターもプリント。まずはM/S処理にて広がりのコントロールから。

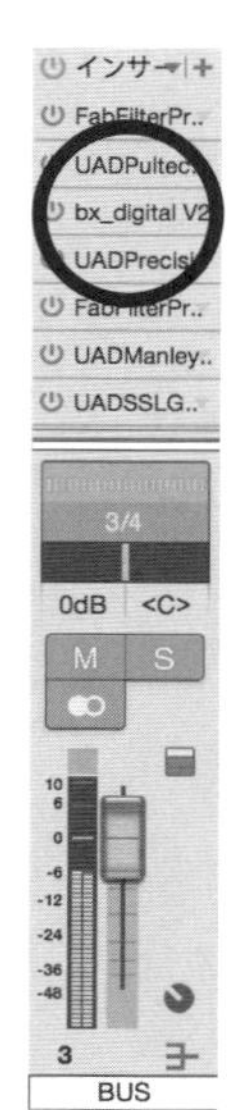

1　BUSチャンネルの上から3番目（前段、後段EQのあと）にM/S処理用のEQ、Brainworx　bx_digitalを挿入し、楽曲の広がりを狭めるためStereo Widthを91％に設定。このときプラグインをバイパスにしたり、マスターチャンネルでモノラルにしたりして変化を確認します。

2　必要のないSide部分の低域をカットしつつ、シャープで映えるボトムを作ります。Sideのハイパスフィルターで150Hzをカット。

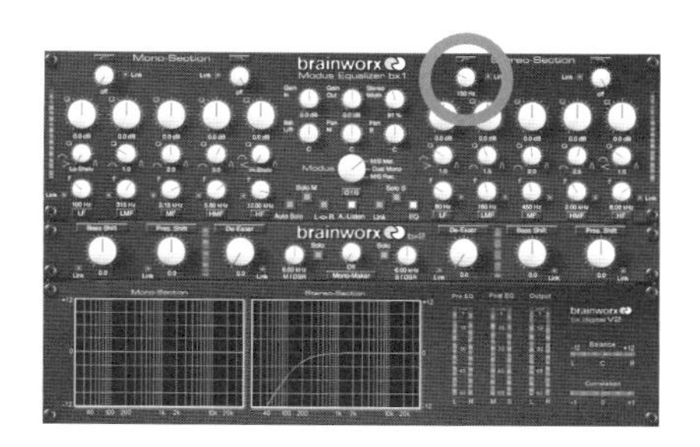

3　ボトムエンドからベースやギターなどの中域へのつながりを整えるため、ベルカーブにて367Hzを1.4dBアップします。

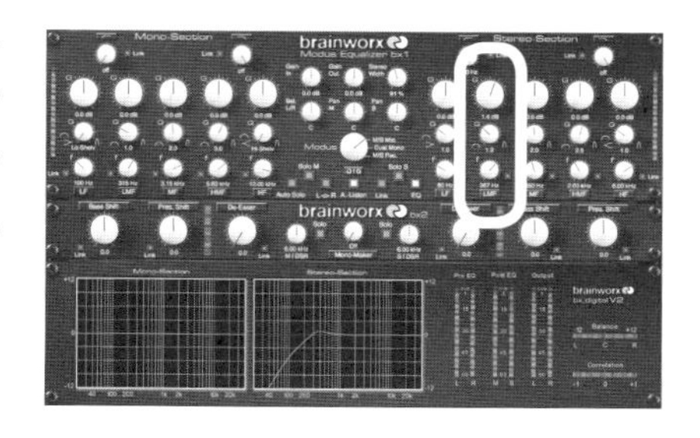

4　もしボーカルを前面に出したい場合はSideの中域帯をベルカーブで広めにカットします。ここでは1.04kHzを1.0dBカット、Qは0.9。必要のない場合はこの工程は飛ばします。

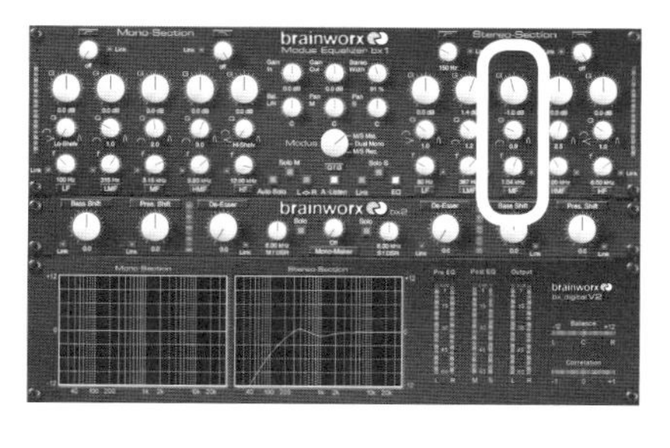

5　ボーカルに少しだけ色づけをします。ベルカーブにてSideの3.15kHzを0.7dBアップ。ボーカルの音量感はキックやベースと比較しながらおこないます。

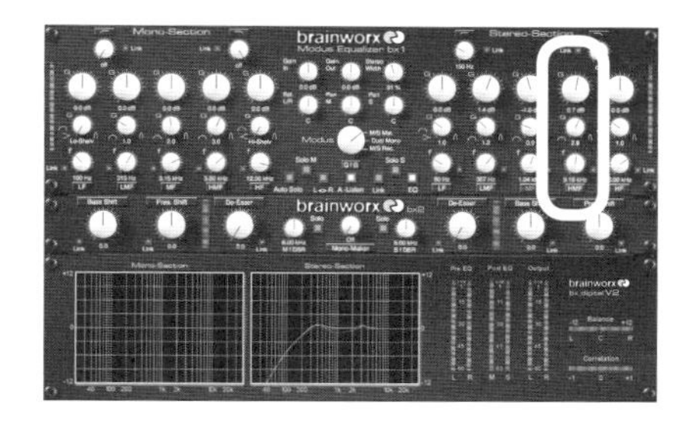

6　楽曲に立体的な奥行きを演出するために、Sideの高域をシェルピングカーブで5.58kHzから1.0dBアップします。またこのとき、Sonnox Fraunhofer Pro-Codecでコーデックでの変化を比べつつ上げていきます。コーデックによっては高域が極端に変化する場合もあるので注意しながら整えます。

7　Side部分を多く調整したため、M/Sのバランスを整えます。この時点で若干Side部分の音量が落ちました。通常Sideの音量をアップさせますが、このときは、楽曲に立体感と広がり感が出たため、逆にステレオアジャスターで当初よりも狭めることにし、Stereo Widthを87%に設定します。

8　立体感を保ちながら楽曲にアタックやパンチ感をつけるため、パラレルコンプレッサーを使います。プラグインはUAD SSL 4000 G Bus CompressorをBUSチャンネルの1番最後に挿入。多少強めに設定したコンプレッサーを、Mixノブを使って原曲に少しだけ付加します。

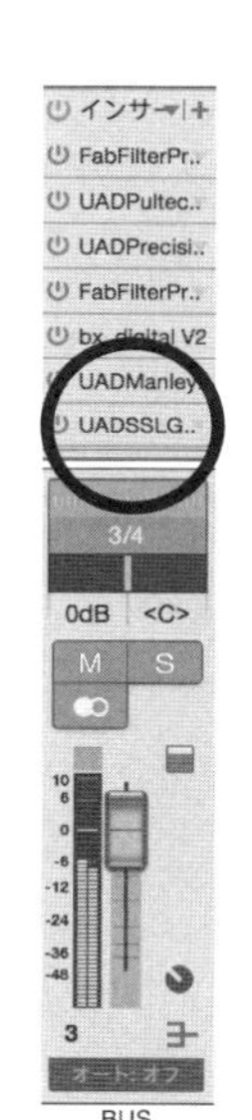

9　すべての調整が終わりラウドネス値を測定すると−15.8LUFS、PLR13.2、ピーク値が−2.6dBと変化。プリントチャンネルにトゥルーピークリミッター（NUGEN Audio ISL）を使ってSpotifyに最適な−14LUFS、PLR12を目指してコントロールします。

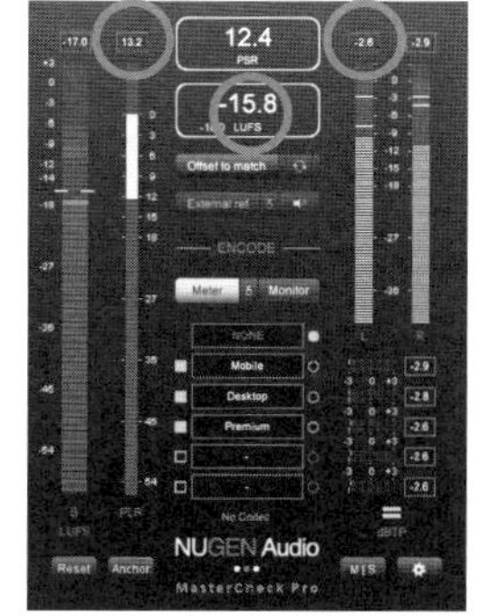

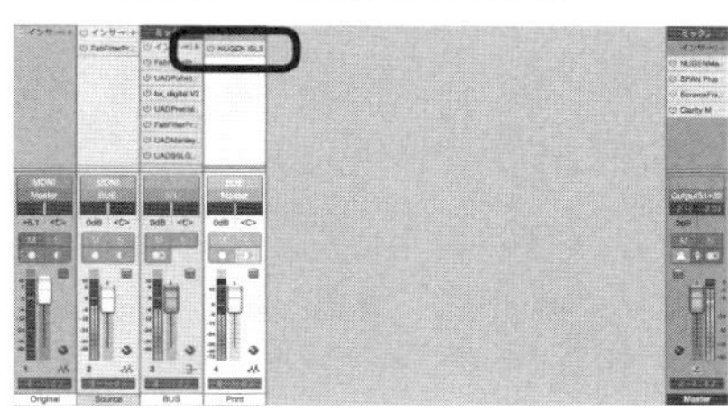

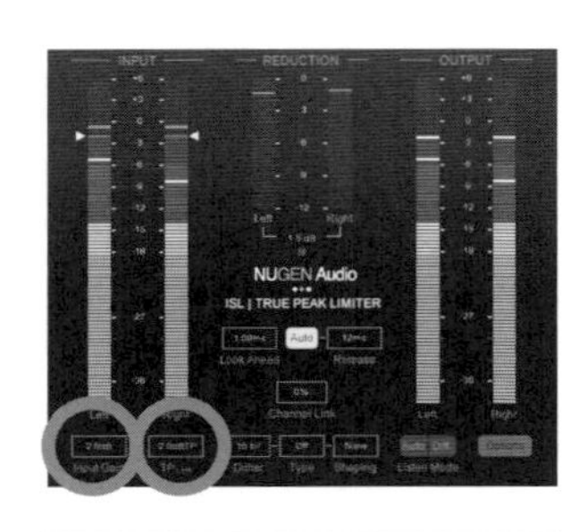

10 トゥルーピークリミッター のInput Gainを+2dB、TPlmを－2.0dBTPに設定し、ちょうど目標値に収まりました。多少詰まった感じがありますが、そのぶんパンチ感が強くなっています。

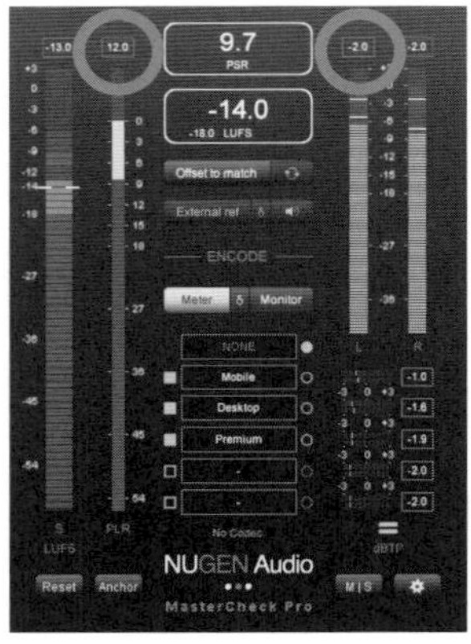

11　同時にYouTube用のファイナルマスターも制作するため新たにプリントチャンネルを追加しリネームします。そしてSpotify用のプリントチャンネルの録音待機のモニターを外すかミュートします。これでYouTube用のプリントチャンネルと、Spotify用のプリントチャンネルがマスターチャンネルで同時に再生されることがなくなります。

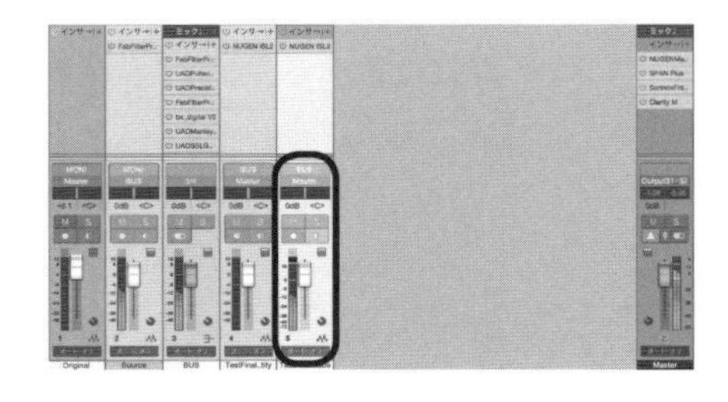

12　Spotify用のプリントチャンネルと同様、トゥルーピークリミッターを挿入し、YouTubeに最適な－13LUFS、PLR12を目指して調整します。ここではInput Gainを＋3dB、TPlmを－1.0dBTPに設定し、ちょうど目標値に収まりました。

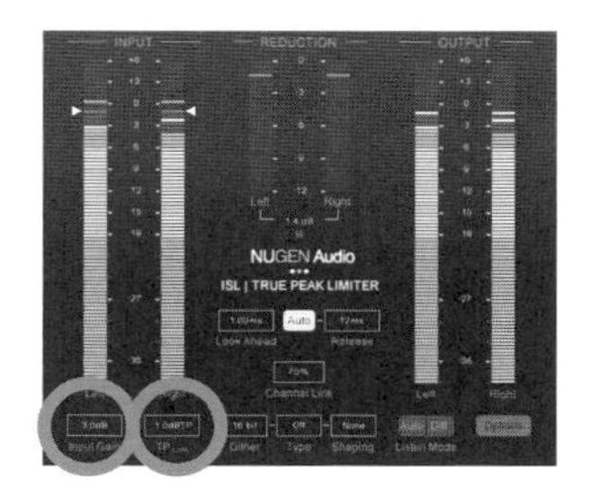

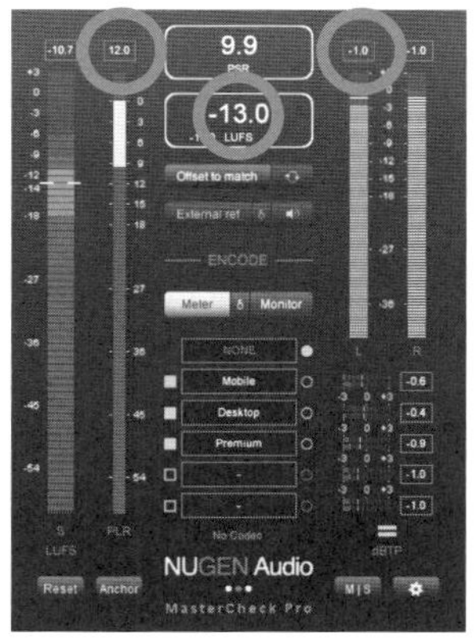

13　最後は楽曲を再生しながら録音します。Spotify用のプリントチャンネルとYouTube用のプリントチャンネルともに録音待機状態になっているか確認し、プリント用チャンネルのどちらかをミュートして録音を開始します。

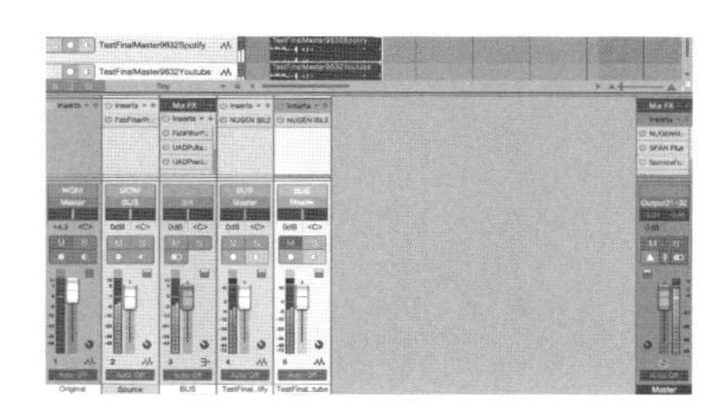

14　仕上がったファイナルマスターはバックアップ用として保存し、新たにディザリングをかけながらダウンコンバートをおこないます。これは2章まとめの13、14を確認してください。

◆楽器別の周波数帯域

ここまで、配信というフォーマットに楽曲をいかにフィットさせるかというお話をしました。さらに楽器別の処理が必要になった場合は以下の周波数を見ながら、M/S対応EQやマルチバンドコンプレッサーを使って整えます。

サブベース：18 ～ 36Hz
キックドラム：36 ～ 72Hz
ベース：100 ～ 400Hz
ギター：1.4kHz and/or 3.3kHz
キーボード：350 ～ 650Hz
ボーカルの芯：240 ～ 600Hz
ボーカル：700 ～ 800Hz and/or 4 ～ 6kHz
ボーカルの空気感：15 ～ 21kHz
スネアドラム：220Hz and/or 4.8kHz
シンバル：10 ～ 15kHz

出典：Göknar, Evren. Major Label Mastering. Kindle ed., Taylor and Francis, 2020, pp 13-14

◆プラグインとDAWについて

本書にて使用したプラグインは、その大部分がデモとして使用できるものばかりです。なかにはUADなどハードウェアを購入しないと使えないものもありますが、そのほとんどが無料でお試しできます。私自身もマスタリング時にハードウェアを使うため、今回多くのプラグインをデモにて使用し、本書を執筆いたしました。そのため、普段使い慣れたプラグインをご紹介しているわけでありません。『サウンド＆レコーディング・マガジン』をはじめとする雑誌やSNSでの情報のなかから、みなさまが一番使いやすいプラグインを試して購入してみてください。

WAVES
https://www.waves.com/

NUGEN Audio
https://nugenaudio.com/

Sonnox
https://www.sonnox.com/

FabFilter
https://www.fabfilter.com/

Universal Audio
https://www.uaudio.jp/

Voxengo
https://www.voxengo.com/

Plugin Alliance
https://www.plugin-alliance.com/

IK Multimedia
https://www.ikmultimedia.com/

iZotope
https://www.izotope.com/

Bitter
https://www.stillwellaudio.com/plugins/bitter/

　DAWはPreSonus Studio Oneを使用しました。曲作りからミキシング、マスタリングまで対応のDAWです。特にマスタリングでの使用では群を抜いた音の良さと操作性で、おすすめです。入門用は無料で使用できます。

PreSonus Studio One
https://www.mi7.co.jp/products/presonus/studioone/

参考文献

Apple Computer,Inc「Apple Digital Masters スタジオ品質のサウンドを再現」
https://www.apple.com/jp/itunes/mastered-for-itunes/
Bob Katz. iTunes Music: Mastering High Resolution Audio Delivery:
Produce Great Sounding Music with Mastered for iTunes. Focal Press, 2013
Bob Katz. Mastering Audio: The Art and the Science. Focal Press, 2007
Bobby Owsinski. The Mastering Engineer's Handbook 4th Edition.
BOMG Publishing, 2017
Esben Skovenborg「ラウドネスレンジ(LRA)の設定と評価法」TC Electronic A/S,
2012
Evren Göknar. Major Label Mastering: Professional Mastering Process.
Focal Press, 2020
Gebre E. Waddell. Complete Audio Mastering: Practical Techniques.
McGraw Hill Education, 2013
J.D. Young. Home Studio Mastering. Routledge, 2018
Russ Hepworth-Sawyer . Audio Mastering: The Artists: Discussions from
Pre-Production to Mastering. Routledge, 2018
「Sound & Recording Magazine for Beginners 2020」(『Sound & Recording
Magazine』2020年2月号別冊付録)リットーミュージック, 2020
Thomas Lund「放送番組のラウドネスとラウドネスレンジ」TC Electronic A/S, 2010
Thomas Lund「フルビット(0dbFs)を超えた信号とデジタルマスタリング」TC Electronic
A/S, 2000
池上卓也「USENxラウドネス」(日本音楽スタジオ協会勉強資料) USEN-Next GROP,
2019
大鶴暢彦『DAWミックス／マスタリング基礎大全』リットーミュージック, 2019
柿崎景二『サウンド・クリエイターのための、デジタル・オーディオの全知識〈増補改訂新版〉』
ステレオサウンド, 2016
亀川徹『JAS Journal』2013年11月号(Vol.53 No.6)「ヘッドホン再生における音場再生
とは」一般社団法人日本オーディオ協会,2013
京田真一、松永英一『Sound & Recording Magazine』2018年7月号「ラウドネスとは
何か？　放送基準から学ぶ音のレベル」リットーミュージック, 2018
高橋健太郎『スタジオの音が聴こえる』DU BOOKS, 2015
冨田恵一『ナイトフライ 録音芸術の作法と鑑賞法』DU BOOKS, 2014
日本ポストプロダクション協会編『ポストプロダクション技術マニュアル 第8版』
日本ポストプロダクション協会,2019
ハワード・マッセイ『英国レコーディング・スタジオのすべて』(新井崇嗣 訳) DU BOOKS,
2017

丸谷正利『JPPA会報』2010年4月～ 10月号「連載ラウドネス講座」
日本ポストプロダクション協会, 2010
丸谷正利「テレビ番組の音量問題　ラウドネスの運用規準」
日本ポストプロダクション協会, 2011
みるさん（たみやともか）『みるさんの【歌ってみた】やってみた』KADOKAWA, 2016
リットーミュージック出版部『ウチレコ　宅録初心者のためのお家レコーディング・ガイド』
リットーミュージック, 2014

その他サイト
Tunecore https://www.tunecore.co.jp/store/iTunes
Production Advice https://productionadvice.co.uk/online-loudness/
MeterPlugs https://www.meterplugs.com/blog/2017/05/18/
crest-factor-psr-and- plr.html

配信サービス別のラウドネス値とコーデックは下記サイトを参照しました。
YouTube https://support.google.com/youtube/answer/6039860?hl=ja
Spotify https://artists.spotify.com/faq/mastering-and-loudness
#will-spotify-play-my-track-at-the-level-it's-mastered
Apple Music https://www.apple.com/jp/itunes/docs/apple-digital-masters-jp.pdf
Amazon Music Unlimited https://developer.amazon.com/ja-JP/docs/alexa/
flashbriefing/normalizing-the-loudness-of-audio-content.html
TIDAL https://support.tidal.com/hc/en-us/articles/360002599997-What-
Audio-Quality-Does-TIDAL-HiFi-Offer-、https://support.tidal.com/hc/en-us/
articles/360005773698-Optimizing-HiFi#:~:text=TIDAL%20HiFi%20relies%20
on%20the,bit%2Dfor%2Dbit%20decode.
Instagram https://www.gearslutz.com/board/mastering-forum/1167871-
mastering-instagram-beware-mono-summing.html
ニコニコ動画 https://ch.nicovideo.jp/nicotalk/blomaga/ar1848078
Apple Podcast https://help.apple.com/itc/podcastsbestpractices/#/itcd55a9646a
Netflix https://partnerhelp.netflixstudios.com/hc/ja/articles/360001794307-
Netflix-%E3%82%B5%E3%82%A6%E3%83%B3%E3%83%89%E3%83%9F%
E3%83%83%E3%82%AF%E3%82%B9%E3%81%AE%E4%BB%95%E6%A7
%98%E3%81%A8%E5%AE%9F%E8%B7%B5%E3%82%AC%E3%82%A4%
E3%83%89-v1-1
ARIB TR-B32 https://www.arib.or.jp/english/std_tr/broadcasting/desc/tr-b32.html
ASWG-R001 HOME http://gameaudiopodcast.com/ASWG-R001.pdf

索　引

あとがき　音楽はファーマットにつれ

最近、知り合いのミュージシャンから「ラウドネス」について教えてほしいと聞かれることが多くなりました。新人のエンジニアからも、海外の文献や専門書を読んでもよくわからないと尋ねられます。DTMでマスタリングも自分でしてしまおうという人にとっては、どうすればよい音で配信できるのかは、まったくの手探りの状況だと思います。

せっかくの優れた楽曲なのに、配信で映えないのはもったいない。サブスク全盛期になって以降のヒット曲の多くは、プロの手による配信映えするマスタリングが施されていますし、さらには楽曲そのものにも映える工夫がされているかもしれません。時間とお金をかけずとも、配信映えするマスタリングの基本知識を誰にでもわかるようにまとめたい、というのが本書の執筆動機でした。

配信以前のCDの時代には「音圧競争」がありました。アナログのシングル盤の時代でも、ラジオで流れたときに映える音づくりということは普通におこなわれていました。LPの時代でも、レコードの性質（内側にいくほど音質が悪くなる）をふまえて、A面とB面の1曲目に迫力のある楽曲を配置して、内側には静かなバラードを配するといったこともおこなわれてきました。良いか悪いかはさておき、大衆音楽は流通するフォーマットの充分な理解なしには成立しえないのだと思います。

最後にマスタリングについて私の考えを述べておきたいと思います。マスタリングとは、ミックスによって仕上がった楽曲を、CDやアナログレコード、または配信サービスのフォーマットに最適に仕上げることです。もちろん単純にそれらのフォーマットに変換するだけならAIの方が上かもしれません。対して、人間がおこなうマスタリングで求められることは「磨き上げる」ことです。つまり楽曲がもつ魅力的なポイントや作家さんの意図をマスタリングによって引き出すということ。そのなかにはリスナーが試聴する環境を想定することも含まれます。例えば、マキシマイザーでレベルを最大まで大きくするのは配信やノイズキャンセリングヘッドフォンでは必要のないことかもしれません。ましてや「この曲はベースが大きい方がいいな」とか「ピアノの音が目立ちすぎだからカットしよう」というのはマスタリングではなくミックスでの行為です。

この書籍ではマスタリングの第一歩をお伝えしました。じつはマスタリングの真の醍醐味はこの次のステップとなる、「楽曲がもつ魅力的なポイント」や「作詞、作曲家さんの意図」をどれだけ「磨き上げる」ことができるか、なのですが、これには経験が大切になります。まずは本書でお伝えした基本を実践しつつ、コンサートやライブ配信で優れた音楽を体感したり、エンジニアや作家さんの本、私も執筆している『サウンド&レコーディング・マガジン』といった雑誌、海外の刊行物になりますが『Sound on Sound』や『MIX』などをチェックしてみてください。もちろんほかのエンジニアと意見交換することも大切なことです。私が参加しております日本レコーディングエンジニア協会では、吉田保理事長含め多くの先輩エンジニアたちから学ぶことができます。また東放学園やHAL東京を初めとする音楽専門学校や音楽大学の中で学ぶことも有意義なことです。

この書籍は2019年末に発売することで進行しておりました。が、多忙を理由に、遅れに遅れてしまいました。DU BOOKS編集長であり、執筆を勧めてくださった稲葉将樹さま、お忙しいなか、書籍デザインを引き受けていただきましたサリー久保田さまにはご迷惑をおかけしたと同時に、とても感謝しております。また執筆を暖かい目で見守ってくれた弊社Lader Production代表の原田亮、中村義響、菊池はるか、私がマスタリングエンジニアとして所属するISC MASTERING&CUTTING代表の金森達也さま、人生の師匠でもある吉田保さま、JAREC事務局の伊東真奈美さま、リットーミュージックの辻太一さま、iA東京のゼネラルマネージャー田中武志さま、写真撮影の協力いただきましたミキサーズラボさま、primesound studio formの森元浩二.さま、写真提供をいただいた北川照明さま、Vintage King Audioの中村あかねさま、この書籍を作るきっかけをいただきましたKen Ishiiさま、そして書籍作りに多大なご協力をいただきましたNagai Eriさま、みなさまには感謝してもしきれません。

本書を読んで、実際にやってみて、マスタリングの面白さに目覚めていただければ、これ以上のことはありません。最後までお読みくださり、ありがとうございました。

チェスター・ビーティー（Chester Beatty）

音楽制作プロデューサー／エンジニア。1990年代ごろよりドイツの名門レーベルTRESORやBpitch Control、Turbo Recordingsより作品をリリース。BBCのJohn Peel Sessionに選ばれるなどワールドワイドな活動をおこなう。現在はSONY、YAMAHA、トヨタ自動車などの広告音楽を制作する会社=ラダ・プロダクションを共同経営。日本レコーディングエンジニア協会（JAREC）理事。ラウドネス基準が重要視されるCM音楽や配信、MAの現場でのミックス、マスタリングを得意とする。

配信映えするマスタリング入門
YouTube、Spotify、Apple Musicにアップする前に知ってほしいテクニック

初版発行　2020年10月10日
著者　チェスター・ビーティー
デザイン　サリー久保田
編集　稲葉将樹（DU BOOKS）
発行者　広畑雅彦
発行元　DU BOOKS
発売元　株式会社ディスクユニオン
東京都千代田区九段南3-9-14
[編集]TEL.03-3511-9970　FAX.03-3511-9938
[営業]TEL.03-3511-2722　FAX.03-3511-9941
https://diskunion.net/dubooks/

写真協力　MIXER'S LAB、ISC MASTERING&CUTTING、Lader Production、中村あかね（VINTAGE KING AUDIO）、森元浩二.（prime sound studio form）、北川照明

印刷・製本 大日本印刷

ISBN978-4-86647-127-3
Printed in Japan

本書の感想をメールにてお聞かせください。
dubooks@diskunion.co.jp

細野晴臣 録音術
ぼくらはこうして音をつくってきた

鈴木惣一朗 著

これがポップス録音史だ。70 年代のソロデビューから最新作まで。40 年におよぶ細野晴臣の全キャリアを、歴代のエンジニアと細野晴臣本人とともに辿る。現存する『はらいそ』『フィルハーモニー』『S・F・X』『オムニ・サイト・シーイング』『メディスン・コンピレーション』のトラックシートも収録！　登場するエンジニアは吉野金次、田中信一、吉沢典夫、寺田康彦、飯尾芳史、原口宏、原真人。

本体 2500 円＋税　A5　296 ページ　好評 5 刷！

内沼映二が語るレコーディング・エンジニア史
スタジオと録音技術の進化50年史

内沼映二 著

日本が世界に誇るレジェンド現役エンジニア、内沼映二が 50 年のキャリアとともに、仕事の変遷と歴史を総括。モノラル録音時代から、歌謡曲〜ニューミュージック、J-POP と、めまぐるしい環境に適応した録音学とその人生。スペシャル対談：石川さゆり、角松敏生。コメント：林哲司（作曲家）、船山基紀（編曲家）、三浦瑞生（ミキサーズラボ代表取締役社長）

本体2500円＋税　A5　264ページ

スタジオの音が聴こえる
名盤を生んだスタジオ、コンソール&エンジニア

高橋健太郎 著

サウンド・プロダクションの重要性が増した現在でも、DAW上で参照されているのは、60〜70年代の機材を使ったテクニックであることが多い。本書に取り上げたインディペンデント・スタジオで起こった出来事がいまだ影響を与えているのだ。音楽ジャンルさえ生んでしまった、スタジオの機材、エンジニアなどに注目し、「あのサウンド」の生まれた背景、手法に迫る。

本体2000円＋税　四六　240ページ　好評2刷！

ナイトフライ 録音芸術の作法と鑑賞法

冨田恵一 著

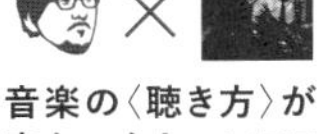

音楽誌のみならず、「日本経済新聞」「読売新聞」などの文化面でも話題を呼んだ名著。「音楽」の聴き方が変わった！と大反響。
音楽プロデューサー・冨田恵一（冨田ラボ）による初の音楽書。
ポップ・マエストロが名盤を味わいつくす！
「僕にとってこの本は宇宙の真理を説いた本である」——大根仁（映像ディレクター）

本体2000円＋税　四六　296ページ　好評5刷！

アート・オブ・サウンド
図鑑 音響技術の歴史
テリー・バロウズ 著　坂本 信 訳

英国EMIアーカイブ・トラスト共同制作！　掲載された写真と図版の点数は850点以上。蓄音機以前から現代の音楽配信やサブスクリプション型サービスまで、音響と録音の技術の歴史を一冊にまとめたオールカラー図鑑。時代を彩った音盤再生の名機や歴史的な録音機材の数々が登場するほか、古今の音響技術史を代表する技術考案者や開発者のバイオグラフィを掲載する。

本体6500円＋税　A4変型　351ページ（オールカラー）　上製（スイスバインディング）

英国レコーディング・スタジオのすべて
黄金期ブリティッシュ・ロックサウンド創造の現場
ハワード・マッセイ 著　新井崇嗣 訳　ジョージ・マーティン 序文

1960～70年代にブリティッシュ・ロック名盤を生み出した、46のスタジオとモービル・スタジオを徹底研究！　各スタジオの施設、機材、在籍スタッフをたどりながら、「英国の音」の核心に迫る。
エンジニアとっておきの裏話が読めるコラムも充実。名著『ザ・ビートルズ・サウンド 最後の真実』の著者が5年がかりで書き上げた唯一無二の大著。

本体4000円＋税　A4変型　368ページ（カラー88ページ）

音楽クリエイターのためのマイクロフォン事典
名演を受けとめ続けるレコーディング・マイクの定番たち
林憲一 著

元ビクタースタジオの敏腕エンジニアが書き下ろす、業界標準マイク事情最前線！
30年余の経験から"定番マイク"を紐解く。
若者にも人気のヘッドフォン、SONY MDR-CD900STについても徹底的に掘り下げます！

本体2400円＋税　A5　208ページ

音職人・行方洋一の仕事
伝説のエンジニアが語る日本ポップス録音史
行方洋一 著

川口真、筒美京平、横内章次ら名う手の作編曲家たちが絶大な信頼を寄せ、日本のポップス～歌謡曲を語る際に欠かせないノウハウの数々を生み出した伝説のレコーディング・エンジニアによる著作。坂本九、ドリフターズ、太田裕美、蒸気機関車フィールド録音盤、深町純ダイレクトカッティング盤、プロユースシリーズなど、モノラル録音時代からの日本の録音史がここに！

本体2200円＋税　四六　248ページ